U0169250

成为PPT高手

从思维开始重塑PPT能力

马骎 著

中国友谊出版公司

图书在版编目（CIP）数据

成为PPT高手:从思维开始重塑PPT能力 / 马驭著.
—北京：中国友谊出版公司，2020.5
ISBN 978-7-5057-4867-5

Ⅰ.①成… Ⅱ.①马… Ⅲ.①图形软件 Ⅳ.
①TP391.412

中国版本图书馆CIP数据核字(2020)第025663号

书 名	成为**PPT**高手:从思维开始重塑**PPT**能力
作 者	马　驭
出 版	中国友谊出版公司
策 划	杭州蓝狮子文化创意股份有限公司
发 行	杭州飞阅图书有限公司
经 销	新华书店
制 版	杭州中大图文设计有限公司
印 刷	杭州钱江彩色印务有限公司
规 格	880×1230毫米　32开
	6.875印张　154千字
版 次	2020年5月第1版
印 次	2020年5月第1次印刷
书 号	ISBN 978-7-5057-4867-5
定 价	52.00元
地 址	北京市朝阳区西坝河南里17号楼
邮 编	100028
电 话	(010)64678009

重新认识 PPT

从逻辑到制作，找到正确的思维路径才更重要。

总有人调侃说我是中国最贵的 PPT 内容提供商。从 2013 年到现在，我专职从事 PPT 工作已经 6 年了，这期间还成立了一个专门制作 PPT 的公司——MassNote，并参与制作了百度世界大会、华为开发者大会、京东金融等产品发布会的 PPT。2018 年年末，吴晓波年终秀和罗振宇跨年演讲在社交媒体上掀起了讨论热潮，也让我一下子成为了成功人士"背后的男人"。这其实是我第二次为吴晓波老师制作年终秀 PPT，也是第四次为罗振宇老师的跨年演讲 PPT 操刀。在这 6 年中，我们公司接到了 200 多份订单，其中不乏马云、汪峰、徐峥等著名 IP 的 PPT。我开始深刻地感知到，PPT 正从一个普通的办公软件，变成一种生活和思维模式。

为什么 PPT 越来越重要

有没有发现，人们越来越爱用"我给你看个东西"这样的句式来开始一次谈话。随着互联网改变人们的视听习惯，单纯的语言交流已经很难充分满足人们对信息的传达了，人们越来越依赖视觉的辅助来增强沟通的效果。因此，PPT 演示逐渐成为了我们日常交流的一种辅助方式。试想一下，当你拜访一个新客户或者参加一个公司的面试时，如果不给他们看点什么，那么会感到手足无措吧？这个时候如果手里有一个 PPT，一定能成倍地增长你的信心。

人们已经习惯了同时接受大量的信息，而且听觉记忆力大大不如视觉带来的效果。这也是近几年来越来越多的发布会和公开演讲都十分重视 PPT 辅助的原因。需要强调的是，本书中所提到的关于 PPT 的思维方法，不仅适用于我们最为熟悉的 MicrosoftPowerPoint，你还可以把它应用到所有同 PPT 功能相似的这一类软件，例如苹果公司推出的，在 Mac OS 操作系统下运行的软件 Keynote，相对较为小众的 Prezi 和 Focusky 等等。

为什么你的 PPT 总是做不好

曾经有很多人问我，你 PPT 做得这么好，有没有什么模板让我用用？

　　套用模板似乎成为了现代人做 PPT 的常规操作。双击打开一个常用的 PPT 软件,单击选取一个看得顺眼的模版,根据模版格式,填入相关内容,然后调整内容顺序,添加图片效果,完成。这些"常规操作",在我看来都是错误的。因为当你打开软件,选取模板后,就会习惯性地将自己的思路局限到模版已经给出的板块划分中,被模板"套路"。

　　事实上,面对一项新的任务时,你应该做的是根据你面向的观众考虑你的 PPT 内容,再整理你的叙述结构,而不是依赖任何一个模版。

　　三等 PPT 看技能,技能新颖,观众看得有趣;二等 PPT 看逻辑(方式),逻辑舒服,观众看得进去;一等 PPT 看思维,思维睿智,观众看得信服。PPT 技能的确重要,但随着人工智能和自媒体的普及,人们能随时随地看到各种平台、各种工具的技能展示,所以 PPT 的那些技能已经不算什么新鲜事。靠技能酷炫取胜的 PPT 大部分都已进入瓶颈,而且随着智能化发展,或许未来我们自己不需要费时间学习各项技能,机器就可以帮我们搞定。传统的 PPT 认知和操作显然不再合乎时代，我们有必要重新认识 PPT。

PPT 为演讲而生

PPT 的全称是 PowerPoint，是一款演示型文稿软件，这意味着当你制作一个 PPT 的时候，你不仅需要考虑"说"，更要考虑"演"，否则你手中的 PPT 就和 Word 文档没有什么区别。

PPT 需要"说"。它是用来提高沟通效率的工具，而所有沟通的目的都是让观众认同你的观点，比如：

销售经理沟通是为了了解客户需求，让产品完成目标销售；

产品经理沟通是为了整合资源，把解决方案变成实际产品。

PPT 需要"演"。PPT 是一个非连续性阅读的软件，这对我们平时的阅读习惯造成了巨大的冲击。比如读一篇文章，你可以一目十行，可以利用余光看到后面的内容，但是 PPT 的演示根本不会给人"看到后面"的机会。所以，如果你希望 PPT 被完整地看完，就需要营造演示场景，让观众有主动阅读的意愿。这要求我们有故事化演绎的思维，将观点演化成吸引人的故事，利用 PPT 的视觉呈现将故事的情景构建出来，抓住观众的注意力。

PPT 服务于演讲，而不是一份可以独立的文字报告。反观现在我们很多人的瓶颈，其实都在于过分重视它的"文稿"功能，而忽略了它的"演示"功能,这才使得作品和作品本身的定义越来越背道而驰。

被认同是 PPT 的主要目的

PPT 就是把一个人脑子里的惊叹号呈现在屏幕上然后放进观众脑子里的过程。就像我们说如何把大象放到冰箱里一样:第一步呈现出来,第二步放到观众脑子里。

很多人在制作 PPT 或是理解 PPT 时有误区:认为将内容呈现出来就是 PPT 的全部,而忽略了还要把它装到观众脑子里。

如何做好这第二步,我们不仅需要运用技能,更多的是要打磨 PPT,带有逻辑地制作你的 PPT,让它像一部电影,吸引观众投入其中;将独立于模板的思维贯通到 PPT 的每一个细节,让观众感同身受,触及内心。

是 PPT 制作者,更是产品经理。

虽然很多人称呼我为"最贵的 PPT 内容供应商",但我更愿意称自己为产品经理。因为在我看来,从构架到创作再到演示,做 PPT 的过程就是一个完整的产品产出过程。在这个过程中,我们需要找到解决问题的最佳路径。

你面对的观众是哪一类人？

他们需要你解决什么问题？

你的分享预期效果是怎么样的？

如果能把这三个问题想清楚，那么你就能梳理出一个不错的 PPT 逻辑了。而这个逻辑梳理的过程，需要用到：

关系思维——认知观众，找到自己的人设；

预期思维——以结果导向，打造演示场景；

简化思维——化繁为简，高效制作与传递；

传播思维——缩短与客户之间的认知，通过制造记忆点强化介绍的传播效益，让 PPT 刷屏；

设计思维——从结构到色彩再到字体排版等，让 PPT 成为最佳作品。

以上这些内容，本书都将为你呈现。

作家丹尼尔·平克在《全新思维》中说过："世界已经从过去的高理性时代，进入一个高感性和高概念的时代。"在这个"注意力为王"的时代，如何通过 PPT 将自己快速打造成注意力的中心，收获更多自信？希望你能在这本书里找到答案。

目录

第三章

简化思维：
化繁为简，
让信息高效传达

第四章

传播思维：
如何被观众理解、
记住、分享

第五章

设计思维：
将 PPT 打造成
最佳作品

第六章

经典场景 PPT 的
思维套路

第一章

PPT

关系思维

快速和观众建立联系，获得共鸣与认可

关系思维主要是以目标对象为核心的思维方式。通过找到观众与PPT之间关系，我们可以快速和观众建立联系，它就像是一把钥匙，帮助开启我们和观众之间的沟通之门，进而获得观众的共鸣和认可。

找到你的观众

做 PPT 时你最怕碰到的事是什么？

对我来说，做 PPT 最害怕的事，就是连夜赶工几十页，辛辛苦苦地查资料，反复演示反复讲，最后上台却发现——**根本没人关心没人看**。这个结果是最无奈的，而且杀伤力极大，经历两三场类似的打击，任谁都会越来越没有信心。

为什么观众不爱看？

是我们的内容不够完善吗？

或者是我们的动效不够炫酷？

还是我们对细节处理得太粗糙？

或许应该先反思一下：我们考虑过观众没有？在做 PPT 之前，我们首先要明确我们的观众是谁？他们是怎么样的人？

我曾经负责给京东金融，也就是现在的京东数科，做过一场发布会，发布会的主角是他们的第一张"小白卡"。小白卡，简单来说就是京东白条联名信用卡。它跟以往的信用卡不太一样，是一款既可以省钱又可以信用叠加的新型信用卡。在制作这场发布会的PPT 时，我们的团队与京东金融的团队反复沟通，反复刻画观众的人物肖像。我们发现，这张卡包含的消费理念和积分兑换模式非常适合年轻人，于是双方团队最终决定把这次演示的观众定位在年轻群体身上。

找到观众以后，我们就围绕着"如何让年轻人记住这款专门为他们打造的信用卡"制作 PPT 主线。不同于其他信用卡的发布会，我们没有在 PPT 中干巴巴地展示卡内的优惠活动，也没有眼花缭乱的功能展示，而是给观众营造出了不同的场景，让他们每个人都能在场景中找到自己，然后看到场景中的自己如何应用这张卡。

比如，在早上上班的路上，你就有机会使用信用卡，此时如果你手中有一张京东小白卡的话，你将如何操作？而这样的操作将如何帮你省时、省钱，甚至帮你赚钱？我们通过这样的情景化案例让观众一下子了解了这款信用卡，并且接受度很高。

找准观众定位并不难，这可以说是我们最原始的生存技能。在我们还是孩子时，就懂得如何在不同的关系中建立不同的话语体系。

我在坐电梯时，听到邻居家的小男孩对他爸爸说他想买一双球鞋，因为下个星期他要参加学校的运动会。他是学校的主力，这双鞋可以使他发挥得更好。他还强调绝对不会买了球鞋就知道打球而耽误了学习。

两天后的晚上,我回家时又在电梯里看到了这个小男孩。而这次他是在跟奶奶央求买那双鞋。他说那双鞋自己特别喜欢,不买的话,他就吃不好睡不着。奶奶心疼孙子,当下就答应了。

其实我们从小就知道面对不同对象时,要如何传达我们的想法。小男孩知道爸爸和他一样,对装备好坏这件事都比较在意,同时他还打消了爸爸对他可能会贪玩的顾虑,并且模仿大人的方式理性地与爸爸沟通;而对奶奶就不需要考虑那么多了,学习装备什么的都不是奶奶最关心的,奶奶只关心孩子高不高兴,所以跟奶奶沟通,打打感情牌,要要赖就好了。

同理,如果你的观众是严谨的投资人,你就要注重价值的分析,而不是浮夸的未来展望;如果你的观众是一群有激情、有梦想的人,你就要从大局观入手,注重阐释未来发展空间;如果你的观众是一群学者,则要更加关注细节、顺序以及清晰明朗的格式;如果你的观众是一群非常感性的文艺青年,那么就要强调共鸣、案例,注意情绪的烘托。

做给谁看,谁就是你的观众。

无论是给老板做一个汇报,还是给客户做一次介绍,或者是发布一个新的产品……在开始制作 PPT 之前,观众就已经被清晰地划分出来了。所以做 PPT 的首要目的就是要把信息高效地传达给观众。

不同类别的观众，关注点各不相同。如果 PPT 没有从观众的关注点切入话题的话，PPT 的内容就很容易被忽视掉。

举例来说，当你跟领导汇报时，你是否需要介绍行业趋势？当然不用。因为他深耕行业多年，对行业趋势的了解可能会比你深得多，他想要看的是你对趋势的看法，以及如何制定相应计划。

当你面对你的客户做介绍时，你需要给他普及你公司的历史吗？一般不用。如果一定要说，也尽量一笔带过。因为他们感兴趣的并不是那些过去的事，而是你的产品与服务能否满足他的需求。还有那些高新技术的原理解析、硬件材质以及兼容性，也要因人而异地去介绍。这些内容可能会获得技术型客户的青睐，而其他客户可能更喜欢了解硬件背后能给他们带来什么样的体验。

找到观众，是梳理 PPT 逻辑的依据。

当演讲人相同、产品相同，而面对的观众群体不同时，PPT 的逻辑梳理是不一样的。我们可以从华为 Mate20 在伦敦和上海的发布会中感受一下，一个善于洞察观众的 PPT 是什么样子的。

在伦敦，华为的 PPT 用了 5—6 页的篇幅回忆了华为以往每款产品中用到的领先世界的技术。为什么要这么做？因为华为是近几年才在国际市场崭露头角的，而这场发布会是继华为 P7 发布会后第二场在伦敦举行的产品发布会。对于伦敦市场或者说海外市场的用户来说，华为的产品普及度其实不太高，所以这场发布会先着重树立一个具备创新精神的 IP,然后再去输出产品。比如它提到了 2013 年的华为 Mate1 是世界上第一部 6.1 寸大屏智能手机;华为 Mate10 是世界首部拥有 AI 智能芯片组的手机……

而上海的 Mate20 发布会正好相反,创新的内容被一语带过,反而着重强调了英国、法国和德国等外媒对华为产品的评价。之所以这样演示,是因为中国消费者比较关注外媒对产品的评价,而这些利好评价也成了 Mate20 在中国市场最强有力的竞争优势。不仅如此,在上海的发布会上,华为还特别介绍了它的个性化手机界面,以及适合中国消费者的手机配件,比如推出了不同材质的手机壳等等。

每个人对 PPT 的期许是不一样的,不同角色的观众所关注的点也是不同的。联邦德国的文学史专家、文学美学家汉斯·罗伯特·姚斯于 1967 年创立"接受美学"理论:它提出每一个观众都有自己的期待视阈,多位观众也就是接受者的心理并不是真空的,而是早就有了预置的结构。这种预置结构由接受者以前的审美经验和生活经验决定。当它与作品的结构相撞击,才产生了观众对作品的评判。这个理论用在 PPT 中再恰当不过了。因此我们对于 PPT 的观众画像越准确,PPT 内容就越能直达人心。因为观众是 PPT 的核心,观众思维应该贯穿 PPT 构思的始终。

了解观众需求

生活中有一类"老好人"，他们貌似没有脾气，说话没有立场，谁也不得罪，对人特别友善，可是时间一长，大家就会对这种人失去兴趣。因为他们说的东西往往没有任何价值，而他们自己也很纠结，总希望得到所有人的认可。

其实做 PPT 时也会出现类似"老好人"的问题。PPT 的观众有时会有很多类，比如同事、领导、客户，甚至媒体等不同人群，有些人希望能兼顾每类观众，所以他们会针对每种类型的人群都讲一些东西，导致 PPT 目的不清晰，谁都听不懂。也有的人在做 PPT 的时候喜欢追求大而全，所有内容都往里面塞，缺乏重点。最后在场的人都听得昏昏欲睡，有的人早早离场，十分尴尬。

这些讨好型 PPT 主要分为两种情况：

第一种是迎合所有人的需求，总想顾及所有人，但是结果却是谁也不满意；第二种是摸不清真实需求，什么都想传递给对方，但往往并不是对方想要的，以至于吃力不讨好。

那么，怎么避免这两种情况呢？

针对第一种情况，给听众分级，按层级满足需求。

总想迎合所有的人是因为没有分清谁才是最重要的观众，或是没有区分好不同观众的重要程度。

下面做一个小测试。假如你现在被要求在公司做一次业绩汇报，下面坐着级别不同的人，比如你的部门同事、跨部门同事、领导，以及公司老板。如果要按重要程度给这些人排序，你会怎么排？

首先，业绩汇报一般都是做给公司老板看的，那么显然老板最重要；其次是部门领导，因为是他在带领着你们完成部门目标；接下来是跨部门的同事，因为任何一个项目在完成的过程中往往需要协调各部门资源；最后，是同部门同事。

之所以要给听众分级，是因为这决定了 PPT 最终呈现的内容配比。

如果公司领导是你的核心汇报对象的话，那么可能 PPT 上70％的内容都是讲给他听的。而领导最想听的可不是你们干了多少活，这个过程有多艰辛，而是你们部门为公司创造了多少价值，带来了多少业绩。

所以，在 PPT 的前几页，你要先总结过去取得了哪些成绩，即使没有金钱上的收入，你也可以讲一下在品牌知名度、用户口碑等其他方面的提升和亮点。如果过去的成绩不好，就要说明一下原因以及接下来会采取什么样的应对方案。

接下来 20％的内容都是讲给部门领导听的了，因为是他带领你们创造了这些业绩。身为部门领导，其实他也想在公司领导面前表现个人领导力以及对公司战略的落地把控能力。

所以，你可以在汇报中穿插一些曲折的小故事来满足他的需求。举个例子，本来你们年初是按照策略 A 执行项目，但过程中发现效果不理想，也不如竞争对手，甚至还有了下滑的趋势，当时部门领导发现了这个趋势后及时分析问题，调整了方向，采用了策略 B，最终才顺利完成了业绩目标。

通过设置这样一个反转的情节，一方面可以吸引听众的注意力，避免走神，另一方面也可以凸显部门领导的领导力和把控力，表达对领导的钦佩。

如果时间还足够，剩下 10％的内容可以提一下跨部门的同事和同部门的同事。比如设计部门的小王在项目中承担了 PPT 的视觉设计工作，最后客户很满意，用户体验也很好；在文案方面，参考了同部门同事小李的优秀经验，获得了不错效果……诸如此类的，可以用一两句话提一下同事的贡献，表示感谢。

你可能会说，这不就是拍马屁吗？其实并不是。你只有满足了这些听众的真实需求，给出了他们想要的答案，才能在未来工作中获得他们的认同和帮助，工作的效率也会大大提高。

如果时间有限，你可以灵活地调整内容的配比，只需要顾及公司领导一个人,或是公司领导和部门领导两个人就可以了。也就是说,你要学会对听众进行分级,优先顾及最重要的听众。

当然,不同的场合,听众的构成也会不同,但是这套分析方法是通用的。学会了基本思路,以后就可以灵活应对了。所以,其实做PPT 不只是个纯技术活,它背后是有心理学、营销学知识支撑的。我们在学习制作 PPT 的过程中,相当于顺带学习了心理学和营销学的部分知识。

针对第二种情况,利用 KANO 需求模型。

什么都想给对方,结果对方却并不买单,其实是因为没有洞察观众背后的真实需求。举个例子,你给朋友讲了一个笑话,朋友说好冷啊,结果你递给了他一件羽绒服。朋友是真的冷吗?当然不是,他只是觉得你的笑话不好笑而已。

想了解观众真实的需求,就要认识一下著名的分析工具——KANO 需求模型。它将用户需求分为五个层级:**基本型需求、期望型需求、兴奋型需求、无差异需求和反向型需求。**

首先,要满足用户的基础需求。比如说你买一个杯子是为了喝水,喝水就是基础需求。一个手机发布会,手机的功能、外形和技术的展示是观众希望看到的最基础的内容,而不是那些花里胡哨的特效或是特邀嘉宾的演唱。

其次,期望型需求就是用户对你以及所展示内容的期待。依旧用手机发布会做例子，用户可能会对你手机的某一个功能有所期待，比如拍照功能是否能做到 AI 美颜？或者手机摄像头是否是广角或者是长焦？

兴奋型需求，也叫魅力型需求，是用户意料之外的惊喜。乔布斯发布第一代 iPhone 时，他说今天要发布三款产品：一个可触摸宽屏的 iPod、一个移动电话、一个上网设备。然后配合一个很炫酷的旋转动画效果，魔术般地把三个产品合成了一台 iPhone。这一幕成为当晚最亮眼的环节，让观众兴奋不已。

无差异需求，就是无论提供与否，对用户体验并无影响。比如在制作产品汇报 PPT 时，究竟是把数据做成饼图还是柱图，其实并无不同，只要讲清楚就好。领导对这种数据呈现形式没有太大要求。

反向型需求，即是说用户并没有这个需求，但你却提供了，反而起了反作用。比如一个幽默风趣的老师正在台上天南海北地跟大家讲历史，大家本来正聚精会神地边听边看知识点，结果 PPT 上每一页都会有华丽的过渡动画，打乱了在场所有人的思路，就容易引起台下观众的不满。

这五种类型的需求中，我们可以侧重挖掘用户的期望型需求，并放大亮点。我们一定要针对不同观众的期望型需求进行内容的设计。比如发布会演示时，我们常常把台下的观众分为三类：**核心粉丝、合作伙伴、媒体机构**。

对于核心粉丝，以吴晓波老师年终秀的发布会为例，观众的诉求大多是要听到今年的变化和最新的趋势等干货。所以我们在制作 PPT 上涉及大量对于国运的思考、对现在创新模式下新生群体和产业的思考以及对未来发展的见解。比如当谈到信息化变革的时候，吴老师分享给大家的是：5G 将创造智能互联的未来，想象空间巨大。

对于合作伙伴，因为他们的诉求比较理性，想要的是你能给我提供什么样的价值，这时就要展示一些未来的合作模式以及过去合作的成功案例。比如在 2016 年"6・18"前夕，阿里巴巴集团 CEO 张勇在南非开普敦与沃尔玛、宝洁、联合利华、玛氏等全球顶级的零售商和品牌商的 CEO 一起，召开了一场云集全球消费品界 CEO 的商界峰会。他面对这些合作伙伴时演示的 PPT，就更多地倾向于展示阿里巴巴的生态圈，其核心目的就是讨论如何在中国加强品牌商供应链，推倒传统零售的"柏林墙"，用数字化方式让品牌企业真正获得中国消费者。

对于媒体机构，他们更多的是想要热点事件传播，这就需要在 PPT 中时不时地穿插一些曲折故事或是最新的爆料。比如当初雷军在小米发布会时曾表示，小米的利润率永远不超过 5％。当时台下的很多媒体观众都被这个大胆的行为震撼，争相报道这一重要新闻。通过他们的强势传播，小米得到了很好的营销效果。

如果你暂时还分析不出观众的真实需求，那么不妨提前找一些不同的观众做个小调研来辅助自己的判断。

如何让观众听得进去

我们想要成为一瞬间的焦点很容易。比如在公共环境下突然大吼一嗓子，你瞬间就能成为 200 平方米内的焦点。但这种吸引注意力的方式对于 PPT 制作是没有用的，因为当人们发现你的举动和他们并无关联时，他们会立刻将注意力转移走。我在《哈佛商业评论》看到过一组调查数据，数据显示大约 90％ 的受访者承认在会议中做白日梦，73％ 的受访者承认他们利用会议时间做其他工作。

如何才能让人们注意力集中地听我们的内容呢？

所有的观众都更关心与自己相关的事，所以想要获得更高的关注，需要培养一项能力——同理心。同理心是一种能够了解、预测他人行为和感受的社会洞察能力，它更是一种"破冰"的底层逻辑。比如管理团队需要同理心，你需要了解每一个队员，激发他们的潜在能力；销售也需要同理心，你需要说出你的产品对消费者有什么样的帮助；至于 PPT 的制作及演示演讲，更需要同理心，我们需要让观众觉得我们在说的是跟他有关的事情。

那么我们该如何将同理心运用到制作 PPT 中？有以下两个方法：

第一个方法，找到共同点。

同理心就像一把尺子在帮你衡量内容与观众的距离，和观众的距离越短，你对观众的吸引力就越强。

2017 年，马云在美国密歇根州底特律和当地中小企业主做了关于全球电子商务平台的演讲分享，其演讲可谓是燃爆了整个现场，让观众频频赞叹。这场成功的演讲中其实包含了很多小心机，其中非常重要的一个设计就是马云找到了观众与他的共同点。

他在演讲开头通过 PPT 演示，讲述了他是如何从一个平凡人做到现在这样的成就的，然后对大家说："没有多少人相信我们可以做到，18 人的团队中中仅 3 人了解电脑，剩下的 15 人完全不了解电脑和网络。我们没有足够的资金，我们更没有关系人脉，我们都来自普通家庭，不是富豪，没有任何政治背景，我们甚至没有多少才华。如果我们可以成功，那世界上 80％的年轻人都可以成功！"他通过白手起家的故事鼓励美国人拥抱自由贸易和全球化时代。

为什么马云要这么去演示？因为他要制造一个和台下观众的共同点。我们都知道美国人一直钟情于美国梦，而底特律又因为经济衰败、产业空洞化，有大量蓝领工人下岗。这时的底特律人正需要一个和他们一样的平凡人去激励他们重拾美国梦。马云利用同理心一下抓住了观众的情怀，很好地吸引了他们的注意力。

同样的还有罗振宇。2016 年，他在名为《时间的朋友》跨年演讲的开场上，讲了台风"海马"的事件。跨年演讲开始的一个半月前，演讲的所在地深圳曾经发布了"海马"台风的预警信号，然而第二天，台风预警取消了——虚惊一场。于是在开场上，他开玩笑地说："一场称职的台风是这样的：停课停工，然后调转风向，擦身而过。"他的一个玩笑一下子吸引了观众的注意力，把观众带入了回忆中，他们在想台风即将到来的那几天，他们周边有没有因为台风而受到什么影响。

随后，他抛出了好几个当年众所周知的重要事件，比如阿尔法围棋（AlphaGo）、英国脱欧、特朗普当选美国总统等等，这些话题并不是随便选取出来，而是有一定普及程度，一定能引起大流量舆论的话题。他通过这几件自带"神转折的事件"来引导观众思考，在这种不可控的浪潮中，资本市场、实体经济等切合观众自身利益的民生问题上有什么趋势和变化。就这样，一场"与观众息息相关"的跨年演讲开始了。

第二个方法，换位思考。

如果你是观众，你最想听到什么？

我的一个朋友是历史老师，他要在社区办一场关于秦汉对比的历史知识分享，我去帮他做一下 PPT 指导。我先让他讲了一遍知识分享的内容，发现其中有一页 PPT 里铺满了古文，而他大概是这么讲的：九卿等俸禄一年 2160 石，诸侯相一年 1800 石……

当时我就懵了，满脑子都是"我是谁？我在哪？这些跟我有什么关系？……"于是我问他，那天都有谁来听？他说，谁都能来听，可能是学生，可能是退休大妈，也可能是某个历史爱好者……总之，来的人对历史的认知层次参差不齐。

我说，那就不能这么讲，太不接地气了。我们可以先找一个官职，比如大鸿胪，他在汉代掌管着诸侯及藩属国的事务，年薪是 2160 石，换算成现在的人民币大约是 5 万元。在演示这部分内容时，加上一些图标，对古今职位的年薪进行对比，如此一来既容易理解，还有趣味性。观众可以把古人和自己的工资做对比，一下子就有代入感了，想不被吸引注意力都难。

举个例子，同样的一份提案汇报，在公司内部，想要你的老板或是你组织内的伙伴认同这个提案，常见逻辑结构就是你要解决什么问题？你要怎么做？预期效果是什么？把这三个问题说清楚就能很好地体现该提案的可执行性，而老板最关注的也就是这一点。

但是如果你给客户提案，就不能用刚才的方法了。行业内趋势分析就必不可少，你对其他品牌的理解也会是客户考核你的一个方面。只有你对其品牌的定位准确，才能保证你后面制定的执行方案是适合你客户的。而根据你的方案推导出的最终效果，也会成为客户最终是否选择你的依据。

当然换位思考绝对不是一劳永逸的，每一次做 PPT 时都要和自己的观众进行一次换位思考。2019 年我们在为"58 神奇日"中的"58 同镇"板块做 PPT 时，原本以为设置的内容只要既有力，又充满正能量，一定会让媒体和行业内的人产生兴趣。但是临近活动，当我们再次审视内容的时候，却突然犹豫了。因为"58 同镇"并不是第一年向媒体和行业内发布，2018 年我们在为"58 神奇日"做 PPT 时，已经对"58 同镇"有了简单的介绍，虽然没有很大篇幅，但如果我是观众，看到主办方两年都在定义一个新的业务，会对这块内容产生新鲜感么？如果我是去年来过的媒体，我对这一块的期待是什么？于是，我们立刻和"58 同镇"的内容负责人一起再次拉提纲定内容，将内容聚焦到"58 同镇"已有的成绩和深入乡村更加细节的服务中去，将内容落在了实处。

换位思考是生活中特别基础的方式，看似很简单，但是换位思考时要注意两点：

第一，不能主观臆断，要真的从观众也就是你未来的目标接收者的视角去审查内容，最简单的方法就是约上不同身份的人，对你的 PPT 先进行内部评审，听一听别人的意见。

第二，面对相同的观众不能一成不变，相同的观众例如时刻关注你的媒体、粉丝，或者身边的同事，他们可能见证了你每一次的变化。这种伴随式的观众，我们要善于迭代，每一次都要在之前 PPT 的基础上进行升级优化，否则内容的匮乏将令你很难一直成为观众眼中的焦点。

我们要利用好同理心，才能更好地让观众把注意力放在我们 PPT 的内容本身。有时候一些失败的职场汇报，不是因为内容不够好，也不是点子不够新颖，而是没有用同理心去思考，导致提报的方案没能够被执行下去。因为决策者们每天都在为决策排除风险，每一次的决定都承担着极大的压力。

举一个简单的例子，当你提出一个项目的执行可能存在风险，如果你的领导看到这个项目有这么多的风险，他会怎么想？他的想法就是，既然风险这么多，那我们就不做了。

所以当我们提出项目风险的时候，一定要在这个风险后面传递你规避风险、克服困难的信心。你可以说："这个项目一定会存在一些风险,但是请不要担心,所有的风险我们都已经预见到了,并做了几套应对方案。"这就会让你的领导获取足够的信心去配合你把项目一块儿执行下去,毕竟谁也不会在一个连提出者都没有信心的项目里白费工夫。

用 PPT 打造社交名片

当提到乔布斯的 PPT，你脑海里会想到什么？

蓝灰渐变色、简约的画面、经典的关键词……没错，这都是乔布斯在苹果产品发布会上的 PPT 给大家留下的印象。

一种深色渐变的背景、一款无衬线体字体、每页只讲一个重点……无须多言，我们就会在脑海中浮现出来它的样子。乔布斯的 PPT 风格俨然成了他的社交名片，我们可以从这些细节里看到乔布斯的克制与执着。

但是，三星手机的发布会 PPT 却更喜欢将产品与场景充分地融合，让人们在了解功能的同时，也享受着扑面而来的视觉冲击。所以说，即便是相同的行业，不同个体的社交名片也是千差万别的。

如果说观众是梳理 PPT 逻辑的依据，那么企业（个人）的风格、文化就是将 PPT 内容拟人化的最终呈现结果。当观众在观看演示时，PPT 中的文字、图片、动画及色彩，都会在他们脑海中进行转码，将 PPT 中的客观信息感性化和拟人化。

PPT 甚至可以说是演讲人的一种信息化代表,看见它就好像看见了你这个人。

锤子发布会的 PPT 虽然也是深色渐变背景,但是它的文字风格幽默接地气,契合了罗永浩的风趣;而华为的产品线发布会就偏于严肃,人们常常能在画面里看到逻辑性极强的数据架构图,这是因为产品线的发布会更多地面向业内的专家及合作伙伴,所以严谨、专注才是华为更想带给观众的社交名片。

字体、图片、颜色、排版、背景,甚至是动画,这些 PPT 中的诸要素其实都是风格、文化的一种信息化呈现。但我们在平时制作 PPT 时总会忽略这一点,要么毫不在意,从网上随便挑一个模板直接套用,要么过犹不及,受累于各种复杂的制作。

如何将风格、文化与 PPT 融合? 对此我总结了三点:

第一,确认限制条件。

在我们要演示的内容里有时会有一些限定,比如:公司对外宣传的 PPT,公司会有统一的 VI 规范①,使用哪种颜色或是哪种字体,这就像是公司的形象。就像写命题作文,我们需要在一个规定的框架下考虑人设。

其实很多内容本身就带有独特的风格,比如与科技有关的

———————————

① VI(Visual Identity)系统即视觉识别系统,它是以标志、标准字、标准色为核心展开的完整的、系统的视觉表达体系。VI 规范指的是将企业理念、企业文化、服务内容、企业规范等抽象概念转换为具体符号,用于塑造出独特的企业形象的规范标准。

内容,在人们固有的印象中应该是深色,甚至人们认为蓝色,就是科技该有的颜色,以至于这几年我们常听到科技蓝这个词。你可以试着闭上眼睛想一下,如果看到大面积的粉色、红色、黄色,怎么也联想不到科技吧。另外,与科技内容相符的字体则通常棱角分明,我们极少在科技感很强的内容上看到圆滑的或者是手写体。而且这几年,人们更加偏爱纤细一点的字体。再比如健康类的内容,我们一定不会选择灰色、黑色,白色加绿色是有关生命健康内容最偏爱的颜色。还有我国和政府类相关的内容往往更加偏爱红色。

当然,有三种情况你可以打破内容的固有设定:第一,你的内容极其特殊;第二,你本身有极强的个性;第三,你的观众属于特殊的圈层,有极高的包容度,否则不建议你贸然打破常规,毕竟我们是要给一般的观众去看的。除去这三种情况,如果你的 PPT 所传达的风格形象跳出了内容固有的设定,就会有些不协调。

第二,通过观众学会减法。

人有千面,设定也有千面,但是我们在做 PPT 的时候不能太多面,否则风格会看起来很凌乱。这也是我在讲讨好型 PPT 时提到的——要将观众分级。

比如前几年华为的 HCC 大会(云计算大会)和 HDC 大会(开发者大会)。HCC 大会的观众主要是来自全球的行业精英、技术专家以及意见领袖,于是我们侧重于将华为的演讲人包装得更加严谨、专业。在画面上,我们尽量简单,但是其架构必须准确、清晰。而华为 HDC 大会则是面向全球的开发者,除了具有开发能力的合作伙

伴,华为还呼吁个人开发者在华为的平台上开发应用。所以,HDC
大会更侧重于表达演讲人开放共赢的决心。既然是呼吁开发者们
加入,画面就不能一味地展现严谨、克制,而是应该更加丰富、多元
化,才能吸引更多的开发者。

第三,将感觉和态度视觉化。

当文字和排版表达不了你要的风格时,图片就可以帮到你,因
为它们是最直观地将风格视觉化的一种方式。所以,什么样的风
格,决定了我们使用什么样的图片。

比如在做年终总结时,我们想用一些图片表达我们迎接新一年
的挑战的信心。如果使用的是一张前进于波涛汹涌的海浪上的船
只图片,那么一个敢于拼搏不怕困难的形象就能很好地传达给观
众了。

罗永浩在很多发布会的 PPT 演示时都用到下面这张图片，图中有一个很鲜明的形象——匠心精神。匠心精神很难用一两句话或是字体来展现给大家，所以罗永浩用图片展示了一个坚持追求品质的形象。我们可以从图片中看到，他就像是一个沉浸在自己世界的匠人，认真地打磨手中作品的每一个细节。

我们虽然不能像他一样为自己专门拍摄一组照片，但是我们可以在 PPT 制作时找一些相应表达我们所想要的风格的图片，以达到同样的目的。所以，有时候需要用很多话去解释的某种感觉，一张图片就可以让观众明白。

再来看一下这张图片。这是小米发布会用的一张图片，根据用户数据的显示，目前使用小米的用户以年轻人居多，而且主要是大学生人群。这些人正处于少年风华、意气风发的年纪。

小米了解了观众的特点，选择了有血气、有个性的风格，不仅在PPT 的语言中有很多年轻人常用的词汇，比如"黑科技""发烧"等，甚至在字体中也使用了看起来洒脱率真的毛笔字体，用以烘托情绪，让很多"米粉"为之疯狂。找到一个符合我们态度的图片，反复应用，使其最终成为我们的符号。这也是打造人设的一个重要手段。

1.一个PPT中尽量不要多于三种字体

因为字体的变化越少，画面会显得越整洁。你的层级和标题可以通过字号的变化区分，当然字号的变化也不宜过多。

2.根据字体的分类，做出选择

我们可以在某一两个特殊页面加入一种艺术字体作为同观众的共鸣，但是PPT内其他的主要字体，建议选择同类字体。如今的字体大体可分为两大类，衬线字体（serif）和无衬线字体（sans serif）。衬线字体，在笔画开始和结束的地方都有明显的顿挫感，而且笔画的横竖粗细都有所不同。无衬线字体的笔画粗细均匀，没有明显的顿挫感。常见的衬线字体有宋体、思源宋体、方正风雅宋、大标宋等等，无衬线字体则有黑体、思源黑体、微软雅黑、苹方字体等等。

衬线字体　　无衬线字体

印刷时代，衬线字体更符合人们的阅读审美和手写习惯，但随着现代技术的发展和设计趋势的变化，今天的人们更喜欢把无衬线字体作为正文字体。因为大多数的衬线字体，在正文文字较多的情况下会感觉到排版混乱，阅读体验感会略差。所以在选择时要结合自身情况作出判断。

第二章

PPT

预期思维

以结果为向导，打造演示场景

预期思维是一种以结果为导向，更加专
注快速完成目标的思维方式。演示者可以通
过对结果的设定进一步引导观众的注意力，
让他们更加专注在希望他们看到的内容上。
预期思维是PPT制作中重要的思维方式，它
解决了"结果"这个问题。

一切以结果为导向

在给领导做 PPT 的时候，我们可能经常会听到这些话：

"我只看最终结果。"

"你怎么做我不管，拿结果说话。"

"我希望你们做的事情，都能超过我的预期。"

……

同一项任务，有的人加班熬夜做了几十页 PPT，老板各种挑毛病；有的人看上去做得轻轻松松，老板却很满意，工资也涨得飞快。有目标的人在奔跑，没目标的人在流浪。这一系列问题的背后，都体现了一种预期思维。

在正式制作 PPT 前，我们可以先做两步思考：

第一步，设定你想要的最终结果。

任何一个 PPT 都是有最终目的的。比如，一场产品发布会的

PPT 可能希望让观众记住产品特点；一次演讲的 PPT 很可能想传达出一个理念；而一场汇报的 PPT 则是要表达清楚一个结论。只有按照最终结果去梳理 PPT 的内容，才能避免出现话题跑偏的情况。

设定结果人人都会，但在实操中，什么才是你要的最终结果呢？

举个例子，领导让你给他做一个产品发布会 PPT。那么，这件事要达到的最终结果是什么？你可能会想到这两个：第一，赶紧做完它；第二，做完这个 PPT，让领导满意。

很遗憾，这两个都不是 PPT 内容带来的最终结果。

很显然，第一个赶紧做完它是你要完成的工作任务，这只是一个执行的动作，是要实现结果的过程，而不是最终的结果；第二个，做完 PPT 让领导满意，这其实是一个顺带的结果，所以也不是最终结果。

之前网上有一个段子，一个领导让底下的员工中午帮他买一个饭团，结果员工回来告诉领导说，饭团卖完了，就什么也没带。最后领导饿着肚子开了一下午的会。

这个段子其实想表达的是，领导有时候下达的任务可能并不是最终任务本身。就像这个段子里，领导的最终需求并不是为了吃饭团，而是因为他饿了。

做 PPT 也是一样，领导表面的需求有时候并不是他真正想要的，如果你认不清领导的真正想法，你的 PPT 一定会偏离正确的结果。想要找到真正要达到的最终结果，有一个简单的方法，叫**二次设问法**。

举个例子，前几年"P 图神器"公司美图打算向年轻时尚的女性群体推出一款美图手机。如果领导让你来做该产品的发布会 PPT，你会怎么做？

首先，做第一次设问：这场发布会想要的最终结果是什么？

发布会取得成功？这只是一个表面的结果。这时候，需要进行二次设问：什么叫成功的发布会？

追问下去，就会找到一些比较具象的结论。例如，让年轻女性接受美图手机，并且让她们都有购买一台美图手机的冲动，这就是我们要的最终结果。然后就可以围绕满足女性用户的需求去做PPT 了。

用这种二次设问的方法，其实是引导自己不断深入思考问题，直到找到那个正确的答案。

第二步，拆分成阶段性的结果。

通常，最终结果都很宏大，不可能一蹴而就，所以一定要拆分成阶段性的结果，才能更容易实现。

比如你想要减掉 10 斤体重，这就是你的最终结果，然后我们需要开始对这个结果进行拆分，你可以安排这周减 2 斤，下周减 2 斤，后面保持每周减 2 斤，直到完成目标。

在切分结果的过程中，可以尝试**3＋1 切分法**来帮助自己确定合理的阶段性结果。3＋1 切分法意思是，任何最终结果都可以切分成 3 个关键结果和 1 个其他结果。

以 2013 年美图公司的第一款美颜自拍手机 Meitu Kiss 的发布会 PPT 为例。当年，该发布会的最终结果是想让年轻女性接受美图手机这个品牌，并产生购买的欲望。这个最终结果可以被切分成 3

个阶段性结果：

第一个阶段性结果：获取关注

美图手机发布会的开场把重点放在了展示生活场景上面。因为女生比较关注打扮，所以他们就开始讲什么颜色的手机应该配什么颜色的衣服。乍一看这不是一场手机发布会，而是时尚发布会，在向你介绍时尚穿搭，但其实是将美图手机和时尚结合在了一起，获取了女性用户的关注，快速抓住了她们的眼球。

第二个阶段性结果：获取认同

哪个女孩愿意将自己没修过的照片发给喜欢的人？很多女性常常要反复拍照，然后仔细修图，才将满意的照片发给别人。但是美图手机的美颜模式、夜间自拍等创新功能，可以帮助女性在任何角度、任何场合下都美美地出现在镜头里，彻底省去了烦琐的修图步骤。它抓住了"被女性用户接受"这一结果，然后围绕着女性用户的需求去讲述，最终获得了高度认同。甚至现场的主持人也会不时地使用"矮穷挫变白富美""找到真爱""省去化妆"等语句来触动美图手机女性用户的心。

完成了第二个阶段性结果，用户只是和你产生了共鸣，还很难达成购买力，女性用户的心理防线还有最后一道等着被攻破。

第三个阶段性结果：获取信赖

获取信赖需要做到两点：一是同频，二是背书。和传统的手机发布会不同，美图的手机用户并不是那些技术爱好者，而是大多数爱美的女性。所以过分渲染手机的功能和配置，不会让女性用户产生更多的好感。所以在这一部分，美图重新定义了自己的发布会，抛弃了硬件发布的传统方式,选择从女性用户的关注点出发,聚焦于女性用户真实的应用场景,从手机的拍摄功能,尤其是自拍时强大的美颜功能展开。

同时美图还邀请了杨颖、王思聪、大鹏等明星现场助阵,这既给了现场观众惊喜,也因此让观众信任感倍增。发布会讲到这里,已经达到了最终想要的结果。

这三个阶段性结果就是3+1切分法中的3个关键结果,除此之外,如果还想在 PPT 中加其他内容,就可以都归到3+1中的"1"里面去。其他结果都是为你的产品加分的,可以被弱化。

例如,美图手机的女性用户对基础配置、售后服务、合作厂商的背书等内容可能都不会太感兴趣,但这些并不是不用说,而是已经达到了预期之后,都可以简单说。目标观众如果对前三个主要结果都不满意的话,这些其他加分的内容也不会再赢回多少好感。

获得持续可控的注意力

在以结果为导向，找到真正的最终结果的过程中，有一个很重要的细节，就是我们虽然设定了阶段性结果，但是想传达清楚这个阶段性结果，就必须要让观众时刻保持注意力。不然，就算结果展现得再清晰，也是白费功夫。

上学的时候你有没有经历过这样的场景：一间教室前面挂着白色的幕布，上面印着满是黑色宋体文字的 PPT 课件，老师站在讲台上照本宣科地读着课件上的文字，说话的语气几乎没有变化。结果你越听越困，越听越想睡觉，甚至没有坚持听完，中途就翘课了。

这就是一次非常失败的 PPT 演讲了，因为这位老师的内容和呈现方式完全没有抓住大家的注意力。

一般来说，抓不住注意力的原因主要有三类：

第一类，内容枯燥。2017 年我参加过一个国内某品牌汽车的上市发布会。开场时，品牌负责人就开始宣读市场调查报告，然后总结市场的需求,最后提出新品的开发目的和特性介绍。他的演示 PPT 就和大家平时看到的工作汇报 PPT 一样,不是满屏的文字,就是流程图或者是数据表。尽管演讲人讲得非常专业,但是我实在没有兴趣听下去,于是在挣扎了五六分钟后就睡着了……

第二类,内容冗长。具体讲就是没有营养的内容过多。举个例子,有多少人在给客户进行 PPT 提案的开始,会放上几十页的行业描述,为了显示自己做过功课,而这些行业描述如果没有加入任何观点、分析、思考,那对你的观众,也就是你的客户来说是没有任何意义的,因为他们对这些行业的常识可能比你还要清楚。所以怎么才能让他们保持注意力的集中呢?

其实有些内容并不是一定都要放到 PPT 上的,如果这些没有意义的文字导致 PPT 的内容过于冗长,观众的注意力就很难集中。2017 年英国银行劳埃德 TSB 集团(Lloyds TSB)对成年人的平均注意力持续时间进行了一项研究,结果有了一个有趣的发现:成年人的平均注意力持续时间从十年前的 12 分钟已经缩短到现在仅有 5 分钟。也就是说,一场 30 分钟的演讲,观众可能有接近 70% 的时间在开小差。所以,在观众注意力持续时间下滑的今天,内容的精炼尤为重要。

第三类,讲述平淡。有些人上台演讲的时候像机器人一样,内容都提到了,但是缺乏情感,太平淡;而有些人就非常容易打动观众,似乎说什么都能调动观众的情绪。这是因为观众的注意力是需要不断地被刺激的。如果观众长时间听着语气、语调没有任何变化的演讲,就非常容易走神。而好的演讲者可以通过语调的高低、语气的停顿、肢体动作、面部表情把想传达的情绪表现出来，更好地吸引观众的注意力。

那么，如何演示 PPT 才能更好地掌控观众的注意力呢？我有三个实用的方法：

第一个方法，识别需求，引发共情。

观众感觉内容枯燥，大部分是因为没有感受到内容的实用性。虽然在第一章你已经学会了用同理心换位思考，但你还需要掌握一个方法，那就是共情。简单来说，就是我们常说的将心比心、感同身受，让别人的情绪和你产生共鸣。当观众和你达到了共情，才会保持对你的关注。

一般来说，人在三种情况下会引发共情，分别是触发了心中的**痛点、痒点和爽点**。

1. 痛点

所讲的内容是观众必须要了解的吗？若不是，这会对他的利益产生影响吗？想明白这一点，才能激发观众真正的痛点。

湖畔大学的梁宁老师说"痛点是恐惧"，这个形容更为生动。

所以在 2018 年，吴晓波老师的年终秀上，在演讲的开始，吴老师并没有一上来就讲家国天下的大趋势，而是同观众们一起抛出了所有人都关心的问题，今天在座所有人都处在一个国家不断变化的过程中，2018 年的经济不好，有一个比较大的危机。2019 年、2020年、2021 年怎么样？我们会伴随着国家一年一年度过。在这个过程中，"我这一代人跟上一代相比，是更幸运还是更不幸呢？""我跟下一代相比，是比他们更优秀，还是他们比我更优秀？"其实这个问题不仅是现场的观众,更是今天的每一个中国人都会置身其中关注的问题。通过对这个问题的关注,观众开始跟着吴老师的内容认真思考如何应对这个时代的变化。

面对每一个演讲的观众,要讲直接影响他们利益的事情。

2.痒点

所谓痒点,就是观众内心的向往。很多玄幻小说之所以非常受欢迎,正是因为里面经常出现一些"屌丝逆袭"的情节。在现实中做不到的事,可以在虚拟世界里实现,这实际是满足了读者的一种精神需求,利用技术手段在虚拟空间中用不同的存在方式、状态及体验得到精神满足。

例如在华为 Mate20 的发布会上,有一页 PPT 介绍了反向充电的功能,也就是手机可以给其他产品进行充电,相当于变成了一个充电宝。这个功能我认为就是针对苹果粉设计的一次痒点满足。因为 iPhone 的续航差是出了名的,这时 Mate20 就是最佳的安卓伴侣,它可以作为最实用的无线充电宝,也可以作为第一款无线反充电的手机,这是一个非常敏感的痒点。

3.爽点

爽点就是要超出预期。猎奇或是意外都是爽点的一种体现方式。观众本来没有想到的问题,你将其展示出来并且满足了他们的需求,就会让观众觉得很爽。

2016 年锤子手机的发布会上,发布了 BigBang 语义分析功能。BigBang 也叫大爆炸功能,它可以将你按住的那一段文字全部"炸"开,然后按照语义智能拆分成独立的字和词,从而帮助用户更方便地对文字进行选择和复制。

罗永浩是怎么满足观众的爽点的呢？他演示了一段文字，是朋友用短信告诉他要去哪里吃饭，一大段文字里包含了饭店的地址、时间等等。如果用其他手机，你需要复制所有的文字，然后粘贴在手机的导航里，再逐一删除没用的字，或者手动选择复制，但往往比较费劲。

但是锤子手机通过 BigBang 一下，就可以把这段文字智能"炸"开成一个个小词组或是字，这样他就可以直接选中饭店的地址。

这个功能可以说是办公族福利了，人们可以像用电脑鼠标一样，直接选择想要选择的那几个字，然后复制就可以完成操作。

当然，痛点、痒点、爽点并不是独立存在的，需要在 PPT 的设计中不断穿插、组合，从这三点出发，就能把枯燥的内容变成让观众感到实用、有趣的内容。

第二个方法，情绪递进，持续吸引。

梁宁老师还有另一个观点，她认为如果把每个人比作一部手机，那情绪才是底层的操作系统，而逻辑、思考、学识只是操作系统上的一个个 APP，如果操作系统崩溃了，APP 是不会起作用的。

回到 PPT 制作也是如此，情绪才是触发人行为的最基本原因，因此注意力的控制更应该从情绪下手，而情绪是一直被延续的，不是单点触发。我们追求严谨的逻辑，也是为了让情绪的产生更加确定。

还是拿 2018 年吴晓波老师的年终秀举例，吴老师先以 100 年来每一代人的故事给予了现场观众信心,每一代人都不用自怨自艾,因为没有哪一代人更加杰出或者不堪,因为每一代人都有他的机遇都有他的幸运点。一剂强心针打给了所有的观众,引得观众产品共鸣,哪些人会有机遇做企业呢?是不是很多产业已经到了夕阳时刻?吴老师又列举了一个非常传统的衬衫制造业,从步鑫生到雅戈尔,再到柔性生产线,产业一直在升级,真正夕阳西下的只有那些盲目守旧的人,这让现场的观众对 2019 年产业有了信心。吴老师一点点打破观众对于 2019 的担心。从人到产业到整个时代的进步,一步步对问题升华,同时也将情绪烘托至一个又一个的新高度。最终号召观众一起行动起来,不要总是人云亦云,进行无谓的担忧,而是要有"背叛"前辈的勇气,勇于突破创新。顺利的企业也不要只懂得享受安逸要有时刻归零的心态,时刻保持警惕。最后一定要有拥抱世界的热情,让观众回归理性。

观众一直被 PPT 的内容所牵动,一个个被点燃的情绪让观众的注意力始终处于集中的状态。

你可以回想一下,凡是听到过的激动人心的讲话、发人深省的道理,其共性都是给人带来了情绪冲击。所以要想 PPT 能触发观众的情绪,策划"感觉"要先于策划"内容"。

第三个方法,改变节奏,加入转折点。

在公开演示的情况下,除了尽可能地在内容上吸引观众,还要注意,几个小时的久坐一定会让观众因疲劳而走神,这个时候就要加入一些人为设定的转折点。

所谓转折点,就是尽可能加入一些变化元素打破原来的状态,把观众的走神状态给拉回来。这里有一个方法叫——**十分钟法则**。我们在前面提到，人可以保持十分钟左右的专注状态，超过这个时间就很容易走神，所以我们尽量要在每十分钟加入一些变化的元素。

例如，改变演示 PPT 的环境。可以是改变现场的灯光，也可以加入互动环节，甚至是换一个人来演讲。

就像乔布斯之前的演讲，经常是讲十多分钟，就换一个产品负责人或是设计负责人上来讲，这样可以让观众保持新鲜感。

当一个 PPT 的话题讲得太久时，我们就要调整一下内容，比如穿插一个故事把观众的注意力抓回来，之后再接着回到刚才的话题，就可以避免观众在长时间接触一个话题的时候注意力跑偏。

制作倒计时动画

1.10秒以内的倒计时

例如制作一个5秒的简单倒计，可以先插入5页PPT，每一页上的数字分别为5、4、3、2、1。然后选择第一页PPT，在"切换"选项卡中添加一个飞过的效果，把持续时间设置成 0.5 秒，换片方式设置成"设置自动换片时间"，这里的时间设置成1秒。接着点击"应用到全部"，动画效果就做好了。

我们还可以更改文字效果以及图片效果，做出不同风格的倒计时动画。

2.60秒时钟版倒计时

这类倒计时动画的难度在于如何让指针转动起来。这里主要用到的效果是"强调动画"，需要通过以下4步来实现：

(1)需要制作钟表，可以从图片网站去寻找钟表盘和指针的图片。

(2)插入一个和指针长度相等的矩形，调整位置，让指针朝上，然后矩形调整为无颜色、无填充，并且把指针和矩形组合起来，放在钟表盘的中心位置。

(3)给指针组合添加强调动画：陀螺旋转，点击"动画窗格"，右键选择"计时"，将期间设置为60秒。

(4)可以给表盘添数字、调整颜色适当美化一下。为了制造紧迫感，还可以插入钟表走动的声音，看起来更加逼真。

讲·好故事，讲好·故事

以前,电脑运行速度很慢,特别是开机,要等好久,于是产品经理们经常需要去说服程序员优化开机速度。

有一个产品经理说:"开机太慢了,用户体验不好,能不能优化一下,把开机时间缩短 10 秒?"

另一个产品经理说:"至少 500 万人用我们的电脑,假设每台电脑省 10 秒,一天就能省 5000 万秒,一年就能省 3 亿多分钟,相当于 10 个人的一生。为了拯救这 10 条人命,请加把劲吧。"

如果你是程序员,哪个话术更能打动你呢?

这个故事是真实的。我并不知道哪个产品经理的话更打动你,但是我知道有个程序员就被第二个人打动了,然后硬生生地将看似不可能完成的开机时间一下子缩短了 28 秒,而打动他的那个人,叫乔布斯。

原本开机时间和人的生命完全不相关,但是他通过故事的形式,将两个看似不沾边的因素很好地结合在了一起,并且打动了他人,直抵他人的内心。这就是故事的力量,可以绕过理性的防御,直接抵达感性思考的区域,这也是故事在沟通中起到的作用。

做PPT也是一样。一个好故事能吸引观众,能帮助他们理解内容,可以最大程度上调动观众的情绪。更重要的是,它能够让观众自己得出结论,达到我们预期的理想效果。

例如我和你说,这家甜品店的甜品非常好吃,你可能不会被触动,但是如果我说我每次下班路过这家店都要去吃这里的甜品,你可能心里就会痒痒——真有这么好吃吗? 然后也想去试一试。

我之前经常遇到一些伙伴,他们自己也知道在演示PPT时加入故事,效果会更好,但是轮到自己演示的时候,却不知道为什么就是很难打动别人。

其实,这里存在两个问题:

其一,故事本身可能有问题

这里是指如何筛选故事,我们得先知道:什么故事才算好?

一般来说,PPT演示中,好的故事需要具备三个要素:

(1)要有强代入感,吸引你的观众。

强代入感的目的是让观众能快速地把自己代入到演示的主题内,为接下来的核心内容做好引入和铺垫。

我们来看一个成功的例子,罗振宇老师在2018年跨年演讲开始的时候,先讲了一位货运船长的真实故事。这位船长在2018年6月8

日,驾驶着他的货船"飞马峰号",满载着 4.3 万吨大豆,拔锚起航。

接下来,罗老师没有像一个局外人一样描述这个事件,而是把自己带入到了故事里。他说:"我想象了一下,假如我是他,在拔锚起航的那一刻,我会觉得这跟以往没有什么不同。"因为这个演说场景里只有罗老师和观众这两类角色,如果讲一个别人的故事,观众是很难感知的,所以,罗老师通过角色代入的方式,把自己代入到故事中,这就让观众好像在听罗老师的故事一样。

除了角色的代入,故事还需要细节描述的代入。

罗老师描述这个故事时,故事的细节一样没落下。例如 2018 年 6 月 8 日,7 万吨,价值 2000 万美元,船主是摩根大通,船上的大豆属于阿姆斯特丹的农产品贸易公司等信息。

这种细节的描述,让观众非常有场景感,就像这艘船在自己的面前一样。

(2)用戏剧性的故事带动观众的情绪。

故事的描述上一定要设计一些冲突和反差,让情节充满戏剧性,戏剧性的故事可以推动整个故事情节的发展,带动观众的情绪,持续吸引观众的注意力。

还是"飞马峰号"的例子,故事一开始,罗老师先利用对船长心理活动的描述,交代了这一次出航像往常一样,没有任何特殊情况。在对内心活动的细节上,罗老师说道:"在这艘船上,我就是国王,海洋是我的后花园。我制定航海计划,所有人都得听我的。"我们甚至可以从字里行间感受到船长当时的得意和沾沾自喜,一切的描述都围绕着美好两个字。

但是接下来,原本顺利的航行却发生了逆转,应该顺利完成航行的"飞马峰号"却在出航后一直不停地在原地画圈、打转。这样一个戏剧性的转折,引发了观众的好奇,为什么原本一次正常的航行不能再继续向前?这样意料之外的设计吊足了观众的胃口。

随后,罗老师给出答案,说这背后的原因是两个大国在互相博弈。由于税率的变化,影响了货物的价值,导致一艘船乱了方寸,一会儿要夺命地狂奔,一会儿要原地打转。

这样一个情节具有反差的故事,很好地带动了现场观众的情绪。以情动人,让观众成了设定中的角色,积极回馈他的感受。

(3)要有明确的结论输出

在 PPT 中引用的故事,都需要围绕结果预期展开。因为故事是在帮助你烘托情绪,达到预期结果。找到一个好故事并不难,难的是所有在 PPT 中出现的故事都要围绕设想好的结论,也就是说,和自己的核心价值观一致的故事才是好故事。

"飞马峰号"故事的最后,罗老师通过前面的铺垫烘托总结出了一个结论:这是 2018 年很多个体的一个缩影——等待信号,个体命运不由自己做主。

其二,讲述故事的方式可能有问题

其实,在生活中会遇到很多故事的素材,比如你的经历、你被感动的瞬间,甚至是一部影片、一个数据、一个热门事件,都是你故事的素材。但是他们可能并不完整，很难拿来就用。

为了用故事传达结论、烘托情绪、达到最终想要的结果，我们需要下功夫整理一下。这里介绍一种特殊的三段式整理法：

一，结论；

二，诱因；

三，转折。

举个例子，在一个读书分享会上，你需要向观众分享 J. K. 罗琳创作《哈利·波特》的背后故事。这个故事大概的逻辑是 J. K. 罗琳由于自身经历了巨大的挫折而开始投身写作，最终战胜挫折，创作出了《哈利·波特》。然后用三段式整理法进行梳理：

第一，找到故事的结论。因为故事的插入是为了更好地辅助观众对 PPT 的理解，为了防止我们选择的故事跑题，所以我们对故事的三段式整理法第一步就是检验故事和自己 PPT 内容的匹配度。我们选择的故事传递出什么结论，该结论一定和我们 PPT 所传达的核心观点保持一致。而在 J. K. 罗琳的故事里，结论就是：不要害怕失败，只有经过逆境的考验，才能有真正的收获。

第二，找到故事结论的诱因。是什么引发了 J. K. 罗琳的巨大挫折？答案是大学毕业后的第 7 年，她经历了人生史诗般的失败：短暂婚姻的破裂，失去了工作，变成了单身妈妈。她说除了流浪汉以外，自己就是当时英国"最穷"的人。

最后，找到故事中的转折。这段故事的转折在于，一般人经历了婚姻破裂,丢失了工作后,往往会意志消沉,而 J. K. 罗琳在失败后并没有放弃自己,而是很快寻找到其他赚钱机会。她经常会在睡前给孩子讲故事,后来发现市面上有一些作家可以靠着写故事赚钱,于是就尝试把讲给孩子的故事写出来,这就有了后来的《哈利·波特》,没想到一经推出,不仅受到了很多其他孩子的喜欢,还有很多成年人也非常感兴趣。

这些就是故事的基本素材,接着我们需要把它应用到 PPT 中。这个时候就不能按照刚才"结论－诱因－转折"的顺序来叙述了,要调整为正常的逻辑,按照"诱因－转折－结论"的顺序来叙述。例如这样:

我在想,如果失业离婚同时到来,对于我们将是多么大的打击?更何况还是带着一个孩子的母亲。但正是因为失去了这些外因,才使这个母亲一心扑进真正适合她的领域里,将全部的精力投入到她最擅长的写作上,最终使她完成了系列小说《哈利·波特》。

她就是 J. K. 罗琳,没有人从未失败过,我们只有经历过挫折并战胜它,才意味着我们从此以后完全有能力生存下去。

这样讲出来的故事,是不是更加生动了?

用 PPT 思维寻找故事素材的逻辑是从结论先出发,而讲述时又需要把结论放到最后,这样才能更好地点燃观众的激情。

其三，讲述故事的时机也很重要

其实，除了讲述方式以外，讲故事的时机也很重要，也就是故事在 PPT 中所处的位置。

开篇讲故事是为了代入情景。举个例子，雷军在开小米 2 发布会的时候，开场先展示了一张创业初期 14 个人的团队合影，接着抛出疑问说："哪位网友能发现其中的问题?"细心的网友发现全是男的："没有一个妹子，不浪漫。"雷军接着说："其实我们也是有妹子的，妹子在拍照，很遗憾没能入镜。"正是因为发现了这个痛点，才决定在小米 2 上增加声控自拍功能。用这样一个故事开场，就让自拍功能显得更富有人情味和情怀。

中间讲故事是为了更好地说服，让观众得出结论。在吴晓波老师的年终秀上，他提到了产业生命周期，当介绍完产业生命周期图后，他还讲了一个关于衬衫的故事。他从中国企业改革纪念章获得者步鑫生 1984 年的计件制改革讲起，到 1996 年雅戈尔 HP 棉免烫衬衫，再到 2007 年的凡客模式，又讲到 2017 年的定制化模式，最后到 2018 年的大数据模式。他用一件衬衫的中国式变化让观众逐渐领会"时代的激变体现在商业层面"这一结论。

结尾讲故事是为了气氛的升华，进一步激发观众的情绪。例如，在跨年演讲中，罗振宇老师讲了很多观众不知道的小趋势，这让观众难免会有些担忧。但是未来总是充满期待的，所以在演讲的结尾,罗老师讲了一个小故事,将大家的情绪再次推向了高潮。他说大学军训的时候,教官教给他们一句打靶口诀——有意瞄准,无意击发。意思就是说,一个人趴着射击,全部的力气和注意力都要指向目标,用全部的精力去瞄准,这叫有意瞄准,至于什么时候扣动扳机,不知道,无法预设,也不必预设。而小趋势就像是你需要扣动扳机的信号,你不知道它什么时候来,来了你就尽量抓住。要是没抓住呢?继续瞄准,感知到下一个小趋势,再打一发。这个扣动扳机打靶的故事,让观众对未来松了一口气,不必担心 2018 年错过的小趋势。小趋势其实一直都有,只要用心去观察,总有一天会抓住。

如何善用图片调动情绪

前文已经提到,情绪是一个非常重要的概念。为了达成预期结果,我们要学会控制和利用情绪,通过情绪的烘托,让观众产生共鸣,让他们更容易接受我们的观点。

情绪烘托的方法有很多种,除了用故事烘托情绪,还有另外一种方法——**善用图片。**

为什么要选用图片呢？因为通常来说,文字比较抽象,很难直观理解,视频又比较长,看起来比较麻烦,而图片是最直观的表现方法。

例如,我们之前在为一档节目《@所有人》做 PPT 时,有一期的主题是《缓和医疗》,有个场景是一个老人到了癌症晚期,这时医生告诉他的儿子,有两个选择:一个是放弃治疗,回去和家人一起度过最后的日子;另一个是做手术,可以延长一段时间寿命,但是老人会活得非常痛苦。问他怎么选择？

如果把医生的这段话打在 PPT 上,用文字去展现,那观众看了

肯定不会触动。所以,我们当时就做了一个图片配合动画的设计:

当说到和家人一起度过最后的日子时,PPT出现一个画面——一个老人站在医院病房的窗台前,面前的百叶窗缓缓打开,外面阳光明媚,两个孙子开心地在院子里玩耍;而说到另一个选择时,百叶窗打开后,却是一片灰暗。

这个简单的图片搭配,一下子就把观众带入到故事情境里,让整个场景活了起来。

除了烘托情绪之外,图片实际上还有另外两个重要的功能:

一、强调关键信息

例如之前我做的一个PPT,有个场景想强调下现在儿童看病资源紧缺这个现象,如果我直接说这个现象,大家会觉得"嗯,你说的对"，但不会产生更多的思考，更别说影响大家的情绪了。

所以在这个时候，我选择了这样一张图片来表示：在一个医院候诊大厅里，有好几十位家长抱着小孩，神色焦急地在等待着被叫号。这张图片有效地触动了观众的内心，有小孩的观众还会联想到自己之前的经历，于是产生了共鸣。

二、强调价值观

海康威视总裁胡扬忠在 2019 年智涌钱塘的发布会演讲结束时说："见远，行更远。"他在 PPT 的最后一页选择了一张登山的照片，他说："我们相信，只有专注前行才能成就精彩；我们不会什么都做，而是会专注于自己擅长的事；我们不会自我封闭，而是会多听取用户的需求和指导。在智能化时代的大潮流下，海康威视会在用户的指导下和更多的合作伙伴共同成长。"登山的图片传达了他的专注以及勇攀高峰的决心，配合这张图片，观众们不禁为胡总的决心而鼓掌。

所以，好的图片可以达到"一图胜千言"的效果。但是在现实中，我们运用图片的时候往往会出现很多问题，与预期相差很远。最常见的有两个问题：

问题一，不会找图。

也就是不知道从哪找到合适的图片，每次都是百度，结果搜出来的图片品质不是很好，配色也不是很好看。

首先，我们要知道，找图的背后其实反映的是你"搜商"的高低。"搜"即"搜索"，所谓搜商，就是在面对大量信息的时候，快速筛选并获取答案的能力。这种能力在现在这种信息爆炸的时代，显得越来越重要。而我们做 PPT 找图的过程，其实就是在不断地为自己积累搜商。

要想搜到好图片，一般至少需要做到两点：

1. 找到优质的来源

我们大多数人找图基本都会在百度上找，但是我可以很遗憾地告诉你，基本没戏。虽然百度图片的数量很多，但优质图片占比很少。要找到一张好的图片，可能要花费很长的时间。因此我的建议是：

(1)用高品质的搜索引擎搜图

除了百度以外，也尝试用其他的搜索引擎，比如用谷歌搜索图片，或者必应等。

(2)在付费图片网站搜图

例如海洛网、全景网、视觉中国以及视觉中国旗下以新闻类纪实图片著称的华盖网等。他们的图片品质相对比较高，而且通常都有超大的分辨率，最重要的是有版权。特别是当你在做一些商用 PPT 的时候，版权问题就会显得比较重要了。通过花钱买图，这样既可以保证图片的质量，也能确保版权的安全。

(3)在企业官方网站的信息中心搜图

当你想找一些具体产品图片的时候，可以登录这些产品的官方网站。例如我们在索尼的官网就会看到它里面有一个新闻中心，在新闻中心下面有一个媒体资料库，里面全都是产品高清大图。你可能在百度里搜了半天都很难搜到，但是在企业官网里就可以很轻松地获得。但同样也要注意版权问题。

(4)选择一些高质量的免费网站

比如：

Life of Pix：www. lifeofpix. com 多为欧洲摄影师拍摄的生活类图片。

Pexels：www. pexels. com／提供海量共享图片素材的网站，每周会定量更新，网站中上传的照片有专人在挑选，图片素材的质量较高。

Pixabay：www. pixabay. com／支持中文搜索的免费可商用图库。

Pngimg：www. pngimg. com／超级好用的无背景素材图片网站，且可以免费使用。

Photock：www. photock. jp／一个日本的无版权图片网站，会有很多特色的日本景点、日本历史文化图片等等。

但要注意的是，这些免费网站一般不太适用于时间紧张的项目，你想立马找到合适的图片可能比较困难，但是如果平时为了扩充自己的素材库，他们是一个不错的选择。

2.学会关联搜索

有的人可能会说"这还不简单，我想要蓝天的时候就搜蓝天，我想要宠物的时候就搜宠物呗"。但是真正操作时你就会发现，很多时候有些词比较抽象，搜出来的图片都不太合适。

例如想要一些商务照片，直接搜索"商务"，图片就会比较死板，而且图片数量可能会比较少。这个时候，就可以用**场景联想法**，也就是需要想象一下，究竟想表现什么具体的场景。例如想表现商务合作，就可以想象下什么场景可以代表商务合作，或许搜索"握手"

会比较合适。

除了场景联想法,还有**情绪联想法**,因为情绪相关的词也比较抽象,例如想表达平静的情绪,就可以想象一下什么东西会让你感觉平静,比如我可能会想到湖泊,湖泊的水面是比较平静的,那就可以搜"湖泊"。如果想表达烦躁,那么可以想象一下什么场景会让你烦躁,例如堵车的时候会让你烦躁,那你就可以试着搜索"堵车"。

总之,当遇到抽象词汇的时候,你需要通过关联搜索,把抽象转换成一些具体的场景,这样搜索出来的图片就会更有针对性,也更加匹配。

除了关联搜索以外,我们还可以进行**多语种搜索**,最常用的就是英文搜索,用英文单词搜索你想要的图片,能得到更多的结果。

问题二,用不好图。

好不容易找到一张满意的图片,质量也很好,但是放到 PPT 上,怎么看都不太和谐,也不知道如何处理。其实,从"用不好"到"用好",是一个不断进阶的过程,可以分为三个阶段来进行训练:

1. 先用好一张图。

在这之前你需要知道,什么才算一张好的图片。一般来说,好的图片都有明确的主题,就是一张图里只有一个重点,例如只有一片云或者一座山,或者面前有一个人,后面虽然有背景,但背景是虚化的。总之,只有一个重点是突出的。

但是很多时候,我们找的图片很难做到主体突出,经常像游客照一样,里面有很多人,每一个都是清晰的,让人搞不清楚谁才是这张图片的主体。这个时候,我们就需要进行简单的处理,善用图片的局部，就是通过放大和裁剪的方法，把不重要的东西删掉。

比如，当你想表现工匠精神，找到一张老工匠正在打磨钟表的图片后，可以把他的手部放大，只保留手的局部画面。当看到这双历经岁月而粗糙的双手，观众会不禁被老匠人执着的精神所打动。

2.用好图片组合。

要想达到最佳的预期，光靠一张成品图片是不可能的，往往我们需要对多张图片进行组合。常用的图片组合有：

（1）表现时间轴

我们之前做过一个产品发布会的 PPT，当时有个场景讲的是技术与时代的变迁，我们就用了一系列的图片来表现：我们用马车代表了第一次工业革命，用火车代表了第二次工业革命，用汽车代表了第三次工业革命。这样，让观众直观地看到了时代的进步，感叹人类的智慧，也会对未来充满更多的期待。

(2)表现戏剧性的反差和对比

有一次我给高科技计量技术跨国集团海克斯康全球副总裁李总做 PPT 时,他当时想说明一个观点,就是我们想象的东西往往和现实差距比较大。我们当时就用了他滑雪的图片来表现。一张图片,姿势很帅,代表我们想象中的场景,另一张摔得四脚朝天的图片,代表现实,两者一对比,凸显了"理想很丰满,现实很骨感"的特点。这种戏剧性的转折、对比,往往会让观众感觉到一种"反差萌",于是更容易接受你的观点。

在图片组合的过程中,我们也会遇到一些问题,需要特别注意。最常见的问题就是图片的颜色、比例不一致。我们找的图片可能各种比例、形状都有,例如有 4:3、16:9 的等等,这个时候一定要先调整成统一的形状,比如统一截成方形,或者统一截成圆形,不然画面看起来会非常别扭。

另外就是找的图片色调不一致,可能有暖色调的,有冷色调的,有的图片泛黄,这样的图片放在一起,会让观众觉得你的 PPT 画面很凌乱,看起来十分难看。对此,最简单的方法就是试着把图片去色,变成黑白风格,画面会立刻和谐很多。

当然不一定每次都要调成黑白的,也可以在图片上叠加其他颜色的色块,这个要根据 PPT 整体的风格来定,例如蓝色商务风格的 PPT,就可以用半透明的蓝色色块去遮盖所选的图片。这个方法可以用在某一页 PPT 的内容上,也可以用到整个 PPT 的设计中。

图片的组合其实还有一个更高级的玩法,就是图片的高级定制，也就是要对图片进行深度加工。从我这么多年制作 PPT 的经验来看，其实没有一张图片是和 PPT 完美匹配的，我们经常需要进行高级定制，就是所谓的 PS。

例如，有时候我们需要体现一个创新的概念或者一个关联性极强的故事时，我们就需要定制画面。我之前做过一个 PPT，需要表现"管中窥豹"这个概念。如果用百度去搜图，就会发现都是一些卡通图片。一个人拿着望远镜对着一个一个的豹子，显得非常幼稚。

这个时候，我们就需要高级定制。当时我们专门设计了一个画面，画面的四周是望远镜的内部，画面中间是望远镜的另一头，正好对着一个豹纹。视角就像我们真的在看望远镜一样，看到的另一端是一小块豹纹。这样，就让画面变得很精致，也很形象，不用多说，观众就能自己体会到这种管中窥豹的感觉。

另外，当一个画面中需要出现多个主体、多个时空的时候，也需要定制。例如，当我们想表达生物的多样性时，很难找到一张现成的图片，需要我们自己找很多动物图片，然后抠出来，整合到一张图片里，形成一张热带雨林里各种动物共生的画面。

我们还做过一个 PPT，当时想表现中国的海上贸易经历了巨大的变迁，想要找到现成的图片也很难。于是我们就设计了一个轮船变迁的图片，画面左边是一艘小渔船，开进了一个时光隧道里，右边从时光隧道出来是一艘万吨巨轮，中间经历了 230 年，就带来了中国海上贸易的巨大变化。

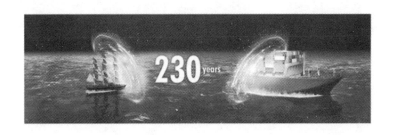

通过这种时光隧道的穿梭来表现时代的变化，对于具有 5000 多年文化的中华，仅仅是 230 年，同一片海上就发生了这么大的改变，观众对时代正在历经悄无声息的改变发出了感慨。

当然，这种高级定制手法也许一开始用不上，但是我们需要知道这种方法。当你对一张图片和图片组合使用得比较熟练的时候，就可以尝试对图片进行深度加工，定制化地制作自己的 PPT。

巧用动画设置成为节奏大师

动画设置是 PPT 中最能体现出预期思维的功能，因为每一次动画的使用都会辅助演讲人带动现场的节奏。而节奏在很大程度上会引导观众的情绪，换句话说，我们要学会利用 PPT 的节奏直接给予观众一种强迫的心理效应。

吴晓波老师年终秀上有一个动画，当讲完"恍如隔世的 40 年"这一部分时，他念了一段情绪激昂的诗句。这时我们利用 PPT 的淡入淡出在屏幕上配合出现了一个朝阳徐徐升起的动画，配合着吴老师的每一次断句，朝阳打破天空的灰暗，瞬间感染了在座的观众，一同感慨时代的变迁，对我国今天的飞速发展感到激动，甚至有人还有些热泪盈眶。

从回忆恍如隔世的 40 年的不易，到迎来天地一时无比开阔的新时代，通过动画的设置改变了现场的节奏，让大家从快速的历史回顾中舒缓下来。

关于动画，有两种声音：有些人不支持加，他们认为这很浪费时间,因为演示的时候需要等它演示完,反而有些累赘;而有些人却认为不加动画就与播放图片无异,怎么能叫 PPT 呢?

这两种说法都有道理。因为 PPT 的动画设置像一把双刃剑,如果没有动画,PPT 就像是一个看图软件,整场看下来节奏平淡,令人乏味,很难带动观众的情绪。但是,如果动画设置得不合适,不仅观众感觉突兀,还容易打乱演讲人的节奏。

所以,在制作 PPT 时要首先明确一点:动画是为了更高效地演示,而不是一种炫技方式。

老实说,PPT 的动画其实没有想象得那么复杂。它的设置逻辑只有两层:第一层是效果选择——页面切换效果和页面中元素的动画效果;第二层是时间设置——是控制播放还是自动播放。

不同的效果会直接带给观众不同的感受,效果选择也有两种,包括切换效果和动画效果。其中页面的切换效果也叫 PPT 中的切换功能。

比如**闪光效果**。对于 PPT 中的向好内容,比较适合使用闪光效果,因为它的光亮预示后面是比较积极、令人期待的内容。还有一种情况是,比如即将要展示的内容中带有一种惊喜的意味,也可以使用这个效果。

压碎效果,常用于表示推翻或否定,同时还带有一定的情绪色彩。

比如,当一位演讲者谈到之前互联网上比较热门的话题——

"油腻"①的中年男人时，他屏幕中提出了问题：油腻中年②讨厌吗？
接着他在第二页用到了压碎的效果，第二页的表情中带着一脸的不
屑，不用说大家也已经感受到了他的情绪。他在否定的同时还体现
出了自己对这一词的强烈不满。

---

① 用来形容某人活得不清爽、不体面、不优雅，是对某些中年男子特征的
概括描述，这些特征包括不注重身材保养、不修边幅、谈吐粗鲁等。
② 来源于 2017 年冯唐的一篇文章《如何避免成为一个油腻的中年猥琐
男》，用来形容世故圆滑猥琐邋遢的中年人。

还有**轰然坠落的效果**。总会有人因为看到苹果的发布会上用到这个效果，来问我是怎么实现的，其实不论是乔布斯还是库克，都爱用这个效果将重要的数据砸到观众面前，将观众的情绪点燃。其实这是苹果在 Keynote 里的一个自带效果，如果你也用 Keynote，你就可以将它用在需要展示重要内容的那一页。比如当你在给同事做年终汇报时，你就可以把优秀的业绩用这个轰然坠落的动画效果展示出来。

另外一种效果的选择是页面中元素的动画效果，也就是 PPT 中的动画功能，它体现了 PPT 的逻辑性。

例如，缩放动画可以突出页面中的重点，帮助观众去注意重点内容；路径动画，则更善于表现和逻辑有关的内容，同时，它不仅支持编辑元素的出现，还支持编辑元素的消失。关于页面元素动画，将在后面的章节详述。

动画的时间设置分为自动播放和控制播放。在自动播放里，切换的自动播放就是自动换片间隔，这个就和现场的节奏相关了。间隔时间越长，换得越慢，节奏就越慢；反之，间隔时间越短，换得越快，节奏就相对较快。

什么时候快，什么时候慢，要看内容所传达的情绪。因为节奏是和情绪密切相关的，在急促情绪下，切换的节奏就会快一点，而在舒缓的情绪下，切换的节奏则会慢一点。

页面元素的动画自动播放，就是上一个元素之前开始和上一个元素之后开始。之前开始是所有选中的元素同前一个元素一起出现，之后开始则是前一个元素动画都做完之后，后一个元素的动画才开始做。

这里还有一个附加选项——延迟，不论是在元素之前开始的延迟，还是在之后开始的延迟选项，其实这两种都是为了表示元素间的关系，唯一的区别就是在动画的节奏上面。

比如一个时间轴上的时间点，它们有着前后的关系，之前开始的延迟和之后开始的延迟只有节奏上的区别。如果希望第二个元素在第一元素动画做完前出现，就选择第二个元素之前开始的延迟，并且设置的延迟时间一定要少于第一个元素的动画出现时间。同理，之后开始的延迟越久，下一个元素出现得就越晚。

动画的控制播放就是 PPT 独有的点击功能，千万不要小瞧了点击，这个功能是控制节奏的必要手段。除了我们演讲的语言以外，第二个与观众交流的桥梁，就是 PPT 演示的点击。当我们希望观众看到下面的内容时，才会用点击。切换的点击是当前页面内容讲完，为了让观众往下看而做出的举动；而画面元素的点击，是为了让人看到下一个重点元素。我们设的每一次点击都可以引发情绪的变化，所以需要学会利用点击，适时变换节奏。

例如，大家会通过点击变换价格的数字。先公布一个高的价格，渲染一下情绪，之后通过一次次的点击，最终才将产品真正的价格公布给大家。这种设置会让观众的心理产生了比较，感受到产品售价的真诚，令观众更加兴奋。

那么，什么时候加入点击是合适的呢？有以下六种情况：

第一，引导观众聚焦多内容中的一点时。

如果页面里信息点较多，并且因为它们的逻辑非常紧密，不能被拆分,而直接将它们投到大屏幕上,观众会下意识地浏览这些文字,忽视演示,甚至忽视演讲人的观点或重点。这时候就需要加入一些动画设置来帮你逐条播放,让观众在合适的时间只看到合适的内容。如此,观众就会跟随着你的节奏思考,更好地理解你想要表达的内容。

比如,在 2018 年商汤人工智能峰会上,商汤科技的 CEO 徐老师在发布会上向观众公布商汤科技这一年所获得的成绩时,在一页 PPT 里设置了三次点击:第一次点击,他讲述了商汤公司已经融资 6 亿美元,是人工智能领域融资最高的公司;第二次点击,讲到了他们的三大业务已占了 AR 亚太市场的 80%;最后用了第三次点击,显示他们的年化增长率达到了 400%。

三组数据,每一个都是令人骄傲和激动的,所以分别用了三次点击,一次又一次地将观众的情绪引向新的高潮,带动了现场的节奏。如果 6 亿、80 和 400% 这三组数据同时出现,信息尽收眼底,人的关注点也就不会被刺激三次,现场的节奏也就不会被带动起来。

第二,解释复杂逻辑时。

当你要在一页展示一组逻辑比较复杂的流程图或是网络关系的时候,你就可以运用动画帮你分析每一层架构间的关系,有节奏地展示出来。

例如 58 同城在 2018 年的 58 神奇日上,有一页要介绍 58 同城的 APP 在房东和用户之间进行了多元的连接,不仅连接了经纪人,还连接了权证交易专员和金融专员,他们之间连接紧密。如果拆分成三页，观众可能会对他们的关系产生误解，于是所有的连接就呈现在了一页中，并且设置了点击三次分别出现的动画效果——每讲到一个连接，这个连接点就会通过动画呈现在观众的眼前，不仅吸引了观众的注意力，还让观众有效接收到了每一个连接点的具体内容。

第三，需要转折时。

转折之间会伴随着一次点击。众所周知，手机厂商在发布硬件时往往枯燥无味，但是在 2014 年锤子手机 T1 发布会罗永浩就运用点击很好地控制了节奏。他几乎一屏放出了所有的参数，然后说："我虽然是个手机厂商的老板，但是这些我也看不懂，这个和我到底有什么关系。"于是，罗永浩使用了一次点击，将参数用动画变成了一句话，回答了观众的问题——T1 用了目前量产的全球最快的移动 CPU。瞬间将 CPU 的性能植入到了观众的心中。

这两页可不可以删除一页呢？删除任何一页都达不到这样的效果。因为当你删除了看似看不懂的配置页，那第二页全球最快的移动 CPU 根本不足以被信服。如果删除了后一页，就和普通手机发布会没有任何区别了，观众依然会处于云里雾里的状态，感受不到这个配置有多好，也产生不了共鸣。

第四，制造悬念时。

有时候，我们设置悬念是为了改变平铺直叙的叙事节奏，吊足观众的胃口，让观众记忆深刻。在 2014 年锤子手机 T1 发布会介绍手机的工艺时，设计本身就有着一个巨大的悬念——观众都关心，手机到底长什么样？这个时候观众的好奇心其实是被点燃的,但是罗永浩并没有直接切入主题,他虽然说少废话先看东西,但第一个给大家看的却是一个锤子。他在这里也用到了轰然坠落的一个动画特效,观众虽然知道这是一个玩笑,但是心里的期待增加了。

第五,设问回答时。

依旧是锤子手机 T1 发布会的例子,罗永浩为了印证 T1 手机的左右手功能是非常人性化的,就采用了设问的方式,他先引用了2012 年微博上的一个热门话题——操作手机时,你更习惯左手还是右手? 他并没有直接呈现结果,而是先说出了大家普遍的想法,认为左手用户占比一定特别少,应该只有不到 10%。然后一个点击,将答案揭晓:结果表示,将近 40% 的用户会使用左手。原来用左手的人有这么多! 在大家的刻板印象里,人们习惯用右手使用手机,所以很多手机厂商在设计手机时,会更多地从这部分人群的角度来思考。而实际上,惯用左手玩手机的人也很多,所以 T1 手机的左右手功能在这里就显得格外人性化。

第六,需要再次吸引观众注意力时。

其实任何一次点击都是为了吸引观众的注意力,但是一个人如果长时间一直用一个节奏去演示,那么台下的观众依然容易走神。所以我们可以在一些时间节点特意设计一些动画,来拉回他们的思绪。

大学的某一次历史研修课令我至今记忆深刻。那是一个炎热的下午,历史老师正讲到明清的海盗话题,说中国清朝有一位厉害的女海盗叫清夫人……这时候同学们已经困得不行了,谁也没有心情听下去。突然，老师的课件里出现了一张照片，这一次点击让我们立马都精神了，因为图片里出现的是《加勒比海盗》中的一个角色。紧接着，历史老师告诉我们清夫人十分出名，甚至国内外的影视剧中还常有人拿她作为原型。这一个特殊的设计，瞬间改变了沉闷的课堂气氛，再次抓住了大家的注意力。

所以，如果有一天你要向公司同事做一次长时间的汇报总结，不妨试着加入一两个这样的点击环节，避免他们睡着。

一、页面内容

　　1.每一页内容尽量以一个字、一个词或者一个短语的形式出现；

　　2.每页的字数控制在7个字以内；

　　3.特定的词汇如果太长，也不能分页。

　　当然，除了文字内容，我们也可以在合适的位置上加一些图片

二、页面时间

　　快闪动画的每一页停留时间不宜过长，而且它的切换方式是自动切换，建议用无切换效果，当然想做特殊效果也是可以用一些简单的切换效果的。

　　1.先统一每页PPT的停留时间。点击"切换"选项卡中的"设置自动换片时间"，取消"单击鼠标时"的勾选，选择"设置自动换片时间"，建议每一页的停留时间大约在0.1-0.5秒之间，然后点击"应用到全部"。

　　2.细调个别页面的停留时间。一些想要观众重点留意的一页，可将其自动切换的时间设置得稍微长一点。

　　3."闪起来"。主要可以通过调整文字的大小、背景和文字的颜色来实现。例如把关键文字设置多页，并设置不同的字号，或者变化字体样式，先大后小，由大到小再变大等等。也可以更改颜色，让页面之间有反差，但注意不要过于频繁地更换颜色。

　　4.插入背景音乐。回到PPT的第一页，点击"插入"选项卡的"音频"，选择"PC上的音频"，把提前下载好的背景音乐插入到PPT中。点击"音频工具"选项卡下的"播放"工具栏中，在音频选项中选择"自动"，勾选"跨幻灯片播放"，并在样式中选择"在后台播放"。

　　最后，点击预览，一个快闪动画就完成了。

用PPT制作快闪动画

第三章

PPT

简化思维

化繁为简，让信息高效传达

简化思维是以信息传达效率出发的思维
方式，它可以帮助我们快速删除干扰信息，
将复杂的内容简单化，传达最核心的信息。
它不仅能帮助我们提高PPT制作效率、快速
找到PPT的主线、完成制作，同时还保证了
信息的高效传达。

PPT 的"断""舍""离"

随着互联网的高速发展,我们的社会也日益信息化。虽然我们从中受益颇多,但也增添了一些烦恼——过多的信息会让我们产生焦虑,不能集中思考有效信息。我们可以发现,现在在朋友圈里常会出现这种内容——"一分钟教会你 xx 技能""一本书看懂 xx 现象"。人们越来越愿意去接收简单的、可以快速读懂的信息,越来越希望把复杂的事情变得简单。

我们的观众也是如此。

你有没有这样的经历:当你按照领导的要求去制作一个解决方案 PPT 时,你对问题做了深入的调查,并非常细致地呈现出来,最后又花了心思制作 PPT 动画,想吸引他的关注。但当你刚开始汇报的时候,就被领导打断了,直接问你:"你想表达什么?"甚至有的人既学习了关系思维,也掌握了预期思维,对观众和结论先行这两点处理得都很好,可依然逃脱不了被领导打断的悲剧。

为什么领导没有看完你 PPT 的欲望?这是因为你每一页承

载的内容太多了。你以为穷尽所有，把内容尽可能详细地呈现出来，甚至把每一页都塞得满满当当，生怕观众质疑你的内容不足以支撑你的论点，但是殊不知这样的 PPT 只能成为观众的催眠剂。

无效传达等于有效噪声。PPT 中那些与主旨有关但是赘冗的内容，看似是有效信息，实则对于观众接收却是一种噪音，不仅不易被理解，而且还容易扰乱观众对关键信息的关注。经典的"二八法则"在 PPT 中也同样适用。在你所有能表达的内容中，只有 20％的内容是本次演示的核心内容。当你在有限的时间里，有观众有限的注意力里，将这 20％的核心内容展示给他们，就能有效传达你的观点。

观众是 PPT 的核心，所以在我们制作 PPT 时要尊重他们的接收习惯，对内容的呈现要做简化处理。复杂的终极境界是简单，PPT 的简化思维是技术，也是艺术。简化的目的一定是为了让内容更容易被观众所理解，让他们抓住重点，使得 PPT 真正地充当演讲的辅助。

但是在简化时，我们得注意以下几点：

第一，简化一定不是单纯地减掉内容。 简化并不是一个追求多变少、少变无的过程，减少页数或关键信息并不是简化的最终目的。如果把关键信息简化，肯定会增加观众的阅读障碍，反而让观众不能很好地理解你要表达的内容。

第二，简化不是去掉个性，也不是要消除自己的精心设计。 这样会令内容变得平淡无奇，因为这样 PPT 也就失去了特色。

第三，简化不是把内容直接降维。简化不是把专业的内容直接降级成初级的信息，我们的目的是为了用简单的语言让观众更理解所要传达的内容，也就是我们说的缩短认知路径。所以，如果内容的高度被降维，只会让观众觉得你的内容看起来没有权威和说服力。

那么如何用好 PPT 的简化思维呢？只需三个动作：断、舍、离。我相信很多人都听过断舍离，它是由日本杂物管理咨询师山下英子提出的。在她的书中，她解释说：断，就是断绝不需要的东西；舍，就是舍去多余的废物；离，就是脱离对物品的执着。

我将这三个概念嫁接到 PPT 制作上，形成了一套全新的定义。**断，就是断绝你不熟悉的内容以及与 PPT 无关的信息；舍，就是舍去 Word 思维；离，就是脱离对演讲的恐惧。**

断

千万不要为了把内容包装得看起来很高级而去强加一些你不熟悉的内容。这里要运用一个原理，叫"奥卡姆剃刀原理"，即"如无必要，勿增实体"。通俗点说就是，自己不懂的知识和讲不清的内容，就不要放进 PPT 里。很多人总希望自己的 PPT 有深度，但是连自己都讲不清的陌生知识，怎么能有效传达给观众呢？

举个例子，2016 年，我们接到了汪峰老师 FILL 耳机的发布会。通常一个硬件的发布会大多会从硬件的参数优势，到外观的设计工艺，最后到合作伙伴生态布局这几个方面展开去介绍。但是在一开始打磨内容的时候，我们从两个方面考虑 PPT 的内容，第一，FILL耳机发布会的观众构成可能会有一些特殊，因为观众的一大部分会来源于汪峰老师的粉丝，他们对硬件参数的兴趣到底多有大？第二，由于汪峰老师本人并不是产品经理，对硬件的参数及配置，并不能很深入地为现场真正的耳机发烧友们讲清楚。所以我们决定，不如让他从做这一款产品是希望观众在更多的场景下能有更好的音乐体验这个初衷讲起。

于是，我们在 PPT 制作时就去掉了那些晦涩的技术层面信息，取而代之的是用同理心呈现出 FILL 耳机的优势。

舍

我们常常会习惯性地把 PPT 当作 Word 去制作，但是 PPT 是演示型文档，如果将 Word 上的内容原封不动地搬到 PPT 中，PPT的优势就不能显现出来了，而 Word 的优势也变成了 PPT 的劣势，且被无限放大。

试想一下，当大家在全神贯注地读你的 PPT 文字时，谁还会认真听你讲呢？对此，我们可以从三个方面对 PPT 进行处理：

第一，结构方面可以优化层级。

优化层级可分为两种方法。其中一种方法就是，减少层级。PPT 作为一个即时浏览且不可逆的演示工具，在内容分层上要尽量简单。一页 PPT 上最多展现两级内容,也就是每个大结论下面最多再加一层支撑它的分论点,如果一定要再往下细分,那就再加一页 PPT。这样能避免同一页面上出现复杂的层级结构,观众不用分散更多的精力去理解每个层级和每个层级之间的关系。

但是要注意的是,我们所说的不包括那些必须要展现严谨结构的层级,比如流程图和架构图。

另一种优化是淡化层级关系,也就是关键信息前置。对于 PPT 来说,我们需要让观众第一眼就看到 PPT 中最重要的内容。所以我们在处理层级关系时,如果主标题内容比较宽泛,而副标题内容比较详细,或是这页主要讲的不是主要论点,而是分论点时,我们就可以打乱原有的层级关系,突出关键信息,例如突出重要的副标题或者分论点。

比如 2018 年腾讯新闻媒体大会上,我们要做一页关于网络主播发展的 PPT,我们的第一层级,也就是主标题,是"主播持续发展的可行性路线",第二层内容是"偶像型主播"。在 Word 中,我们习惯一级文字的字体大于二级的文字,但是在 PPT 中,因为本页的主要内容是"偶像型主播"，所以我们将二级文字放大，作为关键信息突出显示，而"主播持续发展的一条可行性路线"相对缩小，这样观众在看到这一页内容的第一眼，就能知道现在要展开讲偶像型主播的内容。

第二，文字方面要减少冗余内容。

PPT 只需要给用户展示关键信息，这样才能让观众把更多的吸引力放到演讲人身上，由演讲人来说出更多的扩展内容。所以我们在文字方面要尽可能地减少冗余内容，尽可能只出现论点和论据，减少大段的说明性文字，因为那些内容是要靠讲出来，而不是读出来。

另外，我们还需要将文字尽量转化成可视化信息，在需要保留的文字中尽量将重点信息可视化处理。可视化不仅充当了文字的翻译，还可以突出呈现重点文字。

比如在 2018 年 5 月 15 日的锤子科技发布会上，有一页 PPT 要表达"1 台 R1 手机的存储容量是 16 台 64G iPhoneX 存储容量总和"，这个内容用图像呈现的时候是这个样子的：屏幕左边是 1 台 R1 手机，右边是 16 台横着落在一起的 iPhone，中间用了一个等于号将两者联系起来，看起来就非常直观和生动。

第三，视觉方面要尽量减少与内容无关的视觉元素。

很多人刚做 PPT 的时候，喜欢使用自己喜爱的视觉元素和动画效果，比如钢铁侠、未来战士等等，经常一页 PPT 上乱入很多类似这样与内容无关的元素。这些没有实际内容的元素实际上是在给观众添加视觉负担，很容易干扰观众获取真正的信息。

离

离是指脱离对演讲的恐惧。这里的恐惧主要有两种:对内容的恐惧和对环境的恐惧。

在内容上,谁都会恐惧自己不熟悉的事情,更何况是和别人分享。所以,为了避免这种恐惧出现,在制作 PPT 时,一定要多选择自己熟悉的内容。而对于我们熟悉的内容,要尽量在演讲之前多留出时间熟悉我们的 PPT,多彩排。PPT 已经降低了演讲的难度,因为它的每一页就是你要呈现给观众的内容,也是你的关键词提示器。

同时,PPT 是放大演讲效能的工具,读给观众听和讲给观众听是两种完全不同的体验。既然我们已经选择了熟悉的内容,那我建议就是讲给观众听,而不再依赖演讲稿,就算你需要演讲稿,也不是逐字去读。因为读稿时你很难与观众产生互动,过分依赖 PPT 只会打断你的演讲思路,没有办法关注观众的反应,失去了同观众互动的机会,你的听众也会感受到你的不自信,从而对你的演讲失去了兴趣。

对环境的恐惧,我的建议是在演讲前先尽量熟悉一下场地,有可能的话就在场地多彩排几遍,因为熟悉的内容会让人增强信心,而熟悉环境会帮助人减轻压力。

PPT 的留白艺术

　　留白，是中国艺术作品创作中常用的一种手法，极具中国美学特征。

　　南宋画家马远在他的《寒江独钓图》中就非常娴熟地运用了关于留白的技巧。虽然这叶小舟浮于浩瀚的江面，但是他并没有画满

《寒江独钓图》马远（南宋）

水纹,只是在船边有几缕波纹,将画面其他部分大面积留白。但是就是这种留白,让人感到烟波浩渺,满幅皆水,虚实之间感受到了一种诗意之美。

从艺术的角度来说,留白就是以"空白"为载体,进而渲染出美的意境的艺术;从应用角度来说,留白更多指的是一种简单的理念。留白最初的目的是设计师留给观者想象空间,也是创作者和观者思想交流的空间。

但是,PPT 中的留白却不太一样,它不仅让文字、图形和色彩可以组合得更有艺术感,更重要的是它把信息简化到了极致,引导观众的视觉走向,让观众减少思考,用最简单的路径理解你要表达的内容。

苹果发布会是 PPT 留白风格的"鼻祖",在它之前,很多电子设备的发布会都有信息堆砌弊病。但是自从苹果发布会以后,手机、电脑等等厂商的发布会变成了苹果那样留白的风格——很多产品或者标语会被单独放在一个渐变深色调的页面中间展示,这时观众的焦点就自然会聚集在这些事物上。也正是苹果掀起的这股"留白风潮",让 PPT 设计者明白了什么是有"高级感"的 PPT。

学习如何留白之前,我们要先明白,在 PPT 中为什么要留白?

首先,留白可以更好地突出主体。

当你的页面布局非常繁杂的时候,观众需要耗费很大力气才能看清你要展示的内容,因为他不能在第一时间看懂你要说什么。如果是满屏的文字,那就更可怕了,即使观众没有密集恐惧症,也会感觉透不过气来。

而留白可以给你的页面多一点呼吸空间，有且只有一个视觉冲击中心，这时留白就变成了一个隐形的视觉路径，引导观众的关注走向。

很多发布会都喜欢用超宽屏幕，如果在这么宽的屏幕上都放满元素，观众就更难找到重点了。所以，在部分页面采用了这种留白的设计方式，周围的留白可以让观众更加聚焦到屏幕中间的重点。

其次，留白可以让画面看起来更加简洁。

在设计领域有一句话——不完整才是完整，残缺才是完美。这也是留白所呈现的残缺的美，它是简化的一种设计形式，用大面积的留白冲击观众的视觉，从而渲染出深刻的美的意境，很好地提升页面的质感。这里说的留白并不是说刻意地追求单调，而是用最少的色彩和最少的元素表达最完整的内容。

比如 2018 年 5 月 31 日小米 8 发布会上，在呈现水滴弧形的手机线条时，屏幕上除了手机侧面的图片和主要文字信息，其他地方全用黑色做了留白的处理，而且没有放上完整的手机，仅仅展现了手机底部的一角。这样观众就能一下子看到文字和图片上蓝色的流畅线条，就能理解小米想要传达的"像水滴一样流畅弧度的手机外边"的含义了。

再者，留白不是过度简化，也不是给观众留下更多思考空间，而是不要让观众想太多。

由于各种信息的丰富，人的思维模式也变得复杂，我们无法再从单一观众群体分析什么是观众可以吸收的信息，所以根据结果为导向的思维模式，如果想得出纯粹且直接的答案，就给他们最简单的信息。懂得留白才能让观众减少思考，让观众用最简单的路径理解你要表达的内容。

很多人认为，留白就是周围的背景都是空白的，但是我想说，留白的方式有很多，最常用的有三种：

第一种，去除干扰信息的留白。

这种留白方式是指 PPT 中采用单调背景色、单一主体元素的场景。简单说，就是在一个简洁的页面中，只有一个主体素材。如此一来，观众直接看到主体本身，直接知道你想要表达的内容。

关于这种留白方式，我们用得最多的元素是图片，但我们的图片来源广泛，很难保证图片背景、风格的统一，因此我们就要对图片进行处理，有时候还需要用到抠图。

说到抠图大家的第一反应可能就是 Photoshop，但其实用 PPT 也能快速抠图。

方法一，是图片的"删除背景"功能，这个功能常用于图片背景比较复杂的情况。比如在 PPT 中放入一张商务人士站在背景有很多高楼大厦的地方的图片，然后双击图片，上方工具栏会出现"删除背景"选项，勾选好商务人士的轮廓，再点击一下空白的地方就可以完成了。

方法二是"设置透明色"，不过这种方法仅适用于纯色背景的图片，且背景色与抠图的对象颜色差异很大，这时就可以用"设置透明色"把元素抠出来。比如在 PPT 中放入一张黄色背景的鞋子图片，然后双击图片会出现"颜色"选项，然后在选择里面设置透明色，点击想要去除的颜色，比如这个背景黄色，就可以完成抠图了。

至于需要抠更加复杂的图片，可能还是要借助其他软件，比如我们最常见的 Photoshop。

第二种，对比留白。

这留白方式常常出现在使用单调背景、非单一元素的场景中。通俗点说，就是在一个简单的背景中，我们会有两种元素，并且运用视觉上的强烈对比来展示留白效果。

例如 2019 年的三星 S10 发布会上，有一页就是用了彩色和黑白的强烈对比，全屏都是类似黑色的手机排布，据说是在暗指苹果手机。然后屏幕中间放上一部彩色的 S10 手机,就连 Galaxy S10 的文字都采用了黑白对比,将观众的视觉冲击完全聚焦在新品 S10 上。

在平时的工作中,颜色上强烈的反差或者明暗不同的元素是可以进行对比的。但是我们要注意,对比时要保证 PPT 整体的协调性,服从 PPT 整体的风格。

第三种,巧用蒙版。

常常出现在使用复杂的背景、多视觉元素的场景中。蒙版的概念源自 Photoshop,字面理解是蒙在上面的板子,通俗点说就相当于在一张图片上盖上了一块有色玻璃。在 PPT 中也可以自制蒙版效果,当你选择的图片内容比较多,观众不容易聚焦到关键信息时,就可以利用蒙版将图片弱化。

蒙版添加起来非常简单,只需要三步就可以完成:

第一步,插入一个深色的矩形;

第二步,让它覆盖在整个 PPT 的顶层;

第三步,双击它,然后调整它的透明度即可。

然后就可以把所有你想表达的内容都放在这个蒙版层的上面了。

在商汤人工智能峰会上,商汤的 CEO 徐老师说:"希望在 AI 技术之上,我们可以做到真正的创以智用,用人工智能技术去赋能百业。"于是我们在他的背景上配上了想象中未来 AI 赋能百业的场景图片,但是如果没有蒙版的话,每一张照片都会分散观众的注意力,那么就可能会让观众忽略徐老师当时讲的内容。加上蒙版以后,图片的亮度就弱化了，图片整体就降到了底层，这时最上层的文字"创以智用"就凸显了出来。这就是通过蒙版给页面最主要的元素留白的方法。

如果你希望图片元素露出，不被蒙版遮蔽的话，你还可以把蒙版设置为"渐变透明"，就是给黑色的蒙版做一个渐变，然后在其中一端设置透明度为 100，这样就让图片呈现出一端是黑色留白背景，一端是图片本身的画面。

当然，并不是所有的 PPT 都需要用到留白，我们还是要按照 PPT 传达信息的完整性与准确性来作为标准。比如教学课件、行业分析报告，里面的文字内容很多，但是里面的内容都是来帮助观众理解结论的，就不能用留白来表现。

但是发布会、个人演讲这种就比较适合用留白，因为这些场合的唯一目的就是让观众看到我们的某个观点就可以了。当观众要在特定的时间内接收那么多信息时，本身就会很疲惫，所以我们必须要将画面变得简单直白，才能将观点准确传递。信息越直接，就越容易减少观众复杂的思考，还能避免认知上的误差。

PPT 的分合之道

收到这样两种PPT，你会更喜欢哪一个？第一种，满篇的文字，花哨的背景；第二种，只突出关键文字，背景干净，颜色简单。

我想很多人都跟我一样，会偏爱第二种。因为第一种PPT当我想读取里面有效的信息时，过程太复杂了，我要去提炼关键信息，甚至还要重新梳理逻辑，PPT应该是帮助我们将信息更快地传递给观众。因此评定PPT好坏的其中一个标准就是——**接收率**。简单来说，就是观众接收到有效信息的程度。

是什么降低了观众的接收率？主要因素有两个：

其一，每一个单独页面内的信息过载。当PPT单页页面内的信息过多时，除了会降低观众的阅读欲望，还会影响观众对关键信息的理解，让他们分不清重点。

其二，结构混乱。很多PPT通常只是对信息进行罗列，却不进行有效的分类，这既破坏了内容的逻辑性，也影响了PPT内容之间的关联度。

想提高我们 PPT 的接收率，就要对 PPT 页面信息进行组合，这就涉及了 PPT 的分合之道。所谓分合，就是将内容进行分类，然后再按照我们的结构进行整合。

分类

在进行 PPT 内容搭建之前，我们一定要先把已有的内容进行分类，并且将已经分类的内容继续拆解，让所有要填充到 PPT 的内容层级清晰地摆在我们面前，这样既可以避免我们页面中的信息过载，还便于我们之后将信息进行组合。

这里可以应用一个思考工具——金字塔原则中的 MECE 分析法（Mutually Exclusive Collectively Exhaustive），进行内容的分类与拆解。MECE 的中文意思就是相互独立、完全穷尽。

第一步，明确目的。

明确的目的其实就是 PPT 的结果，在前面的预期思维里已经提到 PPT 是以结果为导向的，当我们明确了目的，也就确定了我们拆分内容的边界。

例如 PPT 的结果是让女性去购买一款专门为女性朋友们设计的手机，这个结果就明确了我们应该从女性用户的需求开始进行拆分，而可以弱化甚至忽略男性用户的喜好。

第二步，寻找合适的分类方式。

人们归纳了很多种 MECE 的分类方式，但是其中只有**过程法**和

要素法最能快速地应用到 PPT 中：

过程法就是按照事情发展的时间、流程、程序，对信息进行逐一的分类。例如我们要解决一个问题的几大步骤、项目发展的几个阶段。过程法通常适用于按照有时间先后的场景。

要素法则是把一个整体分成不同的构成部分，可以是从上到下、从外到内、从整体到局部。这种分类方法是用于说明事物各个方面特征的。例如，当我们想写一个关于产品介绍的 PPT，我们可能会从硬件配置、软件应用、设计和工艺、应用场景、适应人群、价格及售后等几个方面来划分。要素法适用于并列关系的场景。

第三步，继续将内容细分，直至穷尽。

以产品的 PPT 为例进行分解：当第一层拆解出硬件配置时，在第二层要将硬件配置继续分解——分解为自主研发的和采购其他品牌的，然后依然可以继续分解出下一层，按照硬件的品类进行分类，以此类推，直至穷尽。

第四步，确认分类准确，要进行遗漏和重复的排查。

例如你在做分类的时候，A 款笔记本的销售市场主要是北京、杭州和四川，这样的分类就是错误的。杭州作为一个地级市，并不能和北京、四川并列参考。我们可以改为北京、成都、杭州，也可以调整为北京、四川、浙江。检查分类的最好方式，就是将内容按照金字塔的结构排列出来，让所有信息都展现在我们的面前，方便比对。

MECE 分析法对于划分出来的内容有两条原则：第一，内容的完整性，整理内容的过程中不要漏掉任何的关键要素；第二，被拆分出来的内容一定是独立的，各个部分之间不要有交叉重叠，正所谓相互独立,完全穷尽。这种划分方式最大的好处,就是可以让我们将 PPT 中的内容以一种信息清单的方式展现在我们的面前,清单式的内容对我们整合 PPT 的结构很有帮助。

整合

对于结构,我想大家一定听过不少名字,比如时间结构、要素结构、AIDA 结构、金字塔结构、黄金圈结构等等。但是面对着这些千奇百怪的名字,我们应该如何选择？哪些才是可以快速应用到 PPT 中的呢？

互联网时代,面对日趋复杂的社会环境,个性化需求愈演愈烈,很多结构现在看起来都显得太过简单了,我们很难利用一个结构完美地把我们的 PPT 内容串联起来。随着我们观众的需求越来越被细分,如果想要吸引他们,就必须从他们的使用场景及需求来梳理 PPT 结构。

比如原来我要发布一款手机,只需要告诉观众"我的手机配置又提高了多少""哪些性能被增强了""哪些设计更加用心""定价是多少"就好了。如果是这样,我完全可以按照最基础的金字塔结构先说中心,再说论点,层层延伸去梳理。但是今天如果我再用金字塔结构去发布,观众可能就不会感兴趣了,因为现在手机已经成了一个通用工具,很多功能可能是必备的,但已经不是我们用户关注的重点了。所以现在我们买手机的时候,就会有人特意地告诉你有一款手机是适合玩游戏的手机，专门为游戏玩家而设计，它不仅支持各种外接设备，例如特殊的游戏手柄，而且还特地为很多流行游戏进行了参数的调配，专注为玩家提供更好的游戏体验。

尽管如此，在我们制作 PPT 时，还是要找到一个底层的思考方式，换句话说，就是我们需要自己学会从每一个问题最原始的出发点开始思考。这样不论未来世界怎么变，我们可以一直和观众保持同频。

在这里就可以拥有一个**结构化表达的工具——SCQA 模型**，去搭建自己的结构。

SCQA 中的 S 是英文 Situation 的缩写，表示情景，也就是先找到观众熟悉的情景；

C 是 Complication 的缩写，表示冲突，要洞察到在同一背景下引发了怎样的矛盾，也就是我们说的痛点；

Q 是 Question 的缩写，表示问题，就是帮观众提出疑问，什么因素导致出现这样的矛盾；

A 是 Answer 的缩写，表示答案，给出可行性的解决方案。

只不过这里的 Q(问题)不止一个，因为矛盾的出现往往会有很多方面的因素影响，同时对应每一个方面都会给出不同的可行性方案，所以 A(解决方案)也会根据问题的增多而增多，但是好在我们已经将内容都分解成为信息的清单了，所以直接选取关键信息就好了。

例如你需要向领导做一次市场方面的汇报，就可以先总结 S(情景)，也就是市场环境；再归纳 C(冲突)，就是公司遇到的问题；然后提出 Q(问题)，从哪几方面解决；最后给出 A(答案)，将你们的解决方式罗列出来。

当这四层内容梳理清楚以后，我们就可以利用这四层开始组合我们的结构，最终以 SCQA 的结构向领导汇报，比如可以这样说：

目前市场环境向好，对公司新产品开拓市场十分有利。但是，通过分析公司近一年的财务数据，加上调研同行业上市公司的数据，我发现公司支出冗余，会对公司后续的市场开拓阶段产生负面阻碍。因为研发成本过高，进而导致新品价格没有优势，同时也拉低了公司的利润。所以想要达成今年的利润目标，我们一方面要提高新产品的销量，一方面要降低新产品的研发成本。降低研发成本，同时再增加货品的市场覆盖面积。

掌握了基础的 SCQA 模型，也就学会了从观众的需求给出解法。在同一场景下发现矛盾、找到原因并解决问题，这个结构更加适用于我们今天多变的环境。

那么，如何充分应用 MECE 和 SCQA 这两个方法呢？有一个我们亲身经历的案例：

在给三一重工股份有限公司进行产品内容策划时，我们的团队就先利用了 MECE 分析法，将工程车所有特点清单化地展现在我们面前，例如我们将一辆工程车先拆成了几个关键要素——配置、性能、适应性、能耗、服务等等。然后我们会继续分解，比如配置，我们分为了自主研发的、品牌采购的，还有其他。针对自主研发这一要素,我们又将它按零部件分为了发动机、主阀、摆动电动机等等。以此类推,我们将其他几个要素也依次进行了分解。

当所有信息都清单化地罗列出来后,我们就开始采用 SCQA 的方式,针对不同的国家分析不同的市场需求,利用 SCQA,我们清晰地分析出不同区域对相同产品的需求有所差异。有的区域因为地形多为崎岖的山路,就比较在意工程车的适应性,于是我们就将车的适应能力和性能两个要素进行前置,并且侧重两个问题进行解答;但是有些非洲国家更加在乎性价比,我们就侧重于低能耗及价格优势进行介绍。我们将内容的比重进行了调整,这样让观众在接收信息时能更加快捷地接收到自己感兴趣的内容,帮助三一重工的销售人员大幅地提高了沟通的效率。

重复动作的意外之喜

PPT 不仅需要在页面内容上进行简化，更需要在视觉呈现的效果上进行简化，而简化呈现效果最简便的方法就是做重复动作。

PPT 虽然是一个视觉化呈现的工具，但它并不需要每一个画面都有所变化，由于它传递内容的方式是一个连续性的动作，这就要求 PPT 的页面与页面之间不能太跳跃，而是要保证风格统一。这也就不难解释为什么我们总会觉得模版好看，因为每一个模版都在重复着自己特定的配色、图形和版式，令呈现效果更加统一。而元素的重复不仅可以增强呈现效果的统一性，还能辅助观众理解。所以说，PPT 中的重复动作可以给人带来意外之喜。

重复动作，顾名思义就是，重复地使用已有的视觉元素，包括重复使用颜色、图形、图标、版式、动画效果等。一般来说，PPT 的重复动作包括静态呈现和动态呈现。

静态元素的重复

第一种是 PPT 颜色的重复使用。PPT 的颜色一定不能太丰富，确定 PPT 颜色的过程也就是我们常说的 PPT 的配色。当确定好配色后，就可以重复地使用，不需要再在制作过程中加入新的颜色。如果你有工作特别急于上手，关于配色其实有一个最简单粗暴的方式——选择你的企业或者你所服务的企业的 Logo 颜色，用 Logo 中占比最大的颜色搭配黑、白、灰使用。

我们在联想 ThinkPad 的项目中，就是首选了他们引以为傲的红色作为配色之一。红色配上黑、白、灰，将这几个颜色重复使用，整个 PPT 看起来和谐统一，丝毫不会给人跳脱的感觉。

第二种是版式的重复。常见的重复版式有：

居中版式，适合呈现连续性的金句，因为内容都是相同结构的短语或者短句。当然，这种居中版式也常被用于 PPT 的章节页，这种版式可以让观众清晰地分辨每一个演讲的阶段。

左右版式，左图右文或者右图左文的版式经常被用来展示说明性的内容。例如呈现一连串名人名言，就可以用头像加金句的版式，让观众清楚地了解谁说了什么，并且在潜意识中记住这个版式，当下一个名人名言出现时，就能快速地反应。

左右版式还能呈现对比的效果。将左右两边分别放入相同类别的元素，就会让观众自然产生对比的感觉。

第三，设计元素的重复使用。 PPT 制作时常用的设计元素包括线条、图形和图标等。

在场景实验室创始人吴声老师的《新物种爆炸》PPT 中，就使用了线条的重复。从视觉上看，前一页画面的底部线条和后一页画面的顶部线条相互衔接。这样的重复线条不仅突出了 PPT 内容的连续性，还作为一条线索引导着观众的注意力，令观众更加期待下面的内容。

图形的重复使用，在 PPT 设计中，我们会用到很多基础图形，比如方形、圆形、三角形等等。在设计 PPT 之前我们要确定出一两种图形进行重复应用，因为重复性的图形可以通过视觉关联的形式使得画面更加统一、规律。

图形的重复和前面提到的颜色的重复，也是使画面风格保持统一的两个关键要素。在下面两页 PPT 的画面设计中，我们选择了圆形和渐变的色块作为主要的图形,并将这两种元素重复应用于整个 PPT 中,即保证了整个 PPT 的统一风格,也让 PPT 看起来个性更加鲜明。

注:渐变色块为图中阴影部分。

动态元素的重复

很多人都有一个误区,就是 PPT 的动画越酷炫越好,于是将很多动画加到页面中。其实 PPT 没有必要频繁切换不同类型的动画效果,整体选择一种,至多两种动画效果,重复使用就能达到很好的效果,甚至还有一些意外的惊喜。

动态的重复动作也分为两种:

第一种,页面间的重复动画。

位于不同页面,但排版和动作相同,这种重复动画可以让 PPT 的内容保持连贯性。

重复的动画效果还可以帮我们在页面中埋入伏笔。以《预见

2019》的 PPT 为例，我们虽然只用了页面切换的渐显功能，但是随着内容的推进，每一页画面中的朝霞颜色有略微的不同，连贯起来就像破晓时云彩的变化，所以看似版式重复，只要每一张都有小幅变化，积累起来就会有别样的感受。

这里需要注意的是，相同排版的页面一定要选择相同的动画效果。做好一页动画后，就可以借助 PPT 的动画刷功能或者 Keynote 里的复制动画选项将效果复制粘贴到其他页面里，这样可以大幅地提高工作效率，不需要一页一页地加动画。

第二种，页面内的重复动画。

位于同一页面内，通过多次重复相同的动作或延时设置达到一个完整的矩阵动画，可以用来强调 PPT 的内容，也可以强调 PPT 的形式。

如果想要强调流程顺序，就可以将重复动作用在时间轴上，比如每一块内容按照相同的间隔时间依次出现，直至全部显现，重复的显现动作让观众保持连续的注意力；或者，时间轴上的内容已经完整，为了配合演示，强调哪里的时候，哪里就变亮，虽然一直在重复明暗的变化，却让观众的注意力一直放在演讲人的演讲上。

用重复动作强调 PPT 的形式中，最常见的就是文字云和图片云。

通过重复动作下对速度和距离的微调，就能让相同的元素形成动画的矩阵，乱中有序，既产生震撼的美感，又能烘托现场的氛围，带动观众的情绪。

例如在得到的 001 号知识发布会中，当我们要突出书的品类很多，并且数量巨大时，我们就用到了这个效果：书的封面同时移入画面中，此时的大屏幕就像被书所覆盖住了，给现场观众极大的视觉震撼。

PPT中有关复制的快捷键

1.常用：Ctrl+C和Ctrl+V

2.Ctrl+D，综合了复制和粘贴的功能。只需要左键点击想要复制的对象，然后按下Ctrl+D就可以了。

3.通过Ctrl和鼠标左键完成复制。按住Ctrl，然后左键点击想要复制的对象，并且拖动对象，就可以复制出鼠标拖动的对象，并且将复制出的对象拖动到任意的位置。此外，Ctrl＋Shift＋鼠标左键，复制出来的对象可以在水平或垂直方向拖动，这样复制出来的对象可以和原对象在水平或垂直方向保持对齐。

4.用于格式复制的格式刷。遇到单一的元素需要复制格式时，单击一次格式刷就可以；大量的元素需要复制格式时，双击格式刷就可以连续使用，但是在连续使用格式刷期间，我们不能进行任何其他操作，否则就会导致格式刷失效。

5.格式复制快捷键Ctrl+Shift+C和Ctrl+Shift+V。在功能上，它和格式刷一样，都是把一个元素的样式复制给另一个元素，但是它可以批量选中多个元素，同时进行格式复制，而格式刷只能一个个刷过去。而且你复制完一次格式后，只要不复制其他元素的样式，中间不管进行什么操作，都可以继续使用。

高效触达的可视化技巧

可视化一词源于计算机领域，本意是将计算数据转成图形和图像，现在可视化已经被广泛运用，它是一种通过图像、图表或是动画高效传达信息的方式，可以有效传达抽象信息和具体想法。

在 PPT 中，我更愿意将它叫做信息可视化。

有些人可能会问：观众也可以接收和了解文字，为什么还要将它们可视化呢？

因为，让观众能看懂和能记住的前提是要让他们愿意看。我们总以为文字是人类最容易接收的信息，但是其实视觉化的内容才更符合人类接收的潜意识。人类最早传递信息都是可视化信息，比如壁画、象形文字等等。所以，我们需要将文字尽量还原成可视化内容，以呈现给观众。

可视化简化的目的是为了强调结论和感觉，而不是简化过程本身。可视化不仅可以减少画面的文字，令画面看起来更加简洁，最重要的是它可以帮助观众更好地理解内容。

我将可被可视化的内容总结为两大类：**常规类和动态类**。常规类就是比较具象化的内容；而动态类则是一些动词或是表示动态的内容。

常规类内容可视化

常规类可视化包括了文字、数据、产品、品牌以及常见事物等内容的处理。

文字的放大、缩小、明暗处理就是一种可视化。这是一种非常常见的可视化方式，它的目的是为了让主要内容更加突出。

举个例子，在 2015 年百度世界发布会上，有一页 PPT 既要呈现所有服务名称，又要将"衣食住行"四个字突出显示，让观众理解所有服务种类都是"衣食住行"的垂直细分内容。于是，我们就将"衣食住行"这四个字做了放大的可视化处理，让它们从其他文字中凸显出来，也表达了它们区别于其他文字的层级。

数据的可视化，则是将枯燥的图表变成更加生动的柱状图、扇形图或者折线图等，这也是 PPT 中非常常见的可视化方式之一。它可以让观众更直观地了解数据之间的关系和逻辑。

此外，平时我们在一些 PPT 中常常会提到我们的合作伙伴，提及他们的品牌时要尽量用 Logo 来呈现，避免满屏的文字让观众看花了眼。

常见事物的可视化也有很多，比如动植物、常见物品等，都可以进行图片可视化；热点新闻事件和经典的历史事件也可以直接选用事件的图片；如果提及某个名人，那么用他的照片会显得更加直观一些；还有我们平时熟悉的产品，也可以直接用图片进行展示。

例如我之前给联想的 YOGA 笔记本做过一页演示，当时的内容想表达这款笔记本集齐了数位本、平板电脑、电子书以及笔记本电脑的功能。那么当时我就用了产品可视化处理这部分内容：我在PPT 中放入了联想这款产品的图片，然后后面加上等号，放上数位本、平板电脑、电子书以及笔记本电脑的图片，并在他们的中间加上加号，这样观众就能一下子理解演讲人要传达的含义了。

动态类内容可视化

动态类内容指的是带有动态感知的内容，比如主体间的对比、突出密度、代表主体间关系、表示主体的发展顺序……

所以，动态内容首先符合两点要素：

第一，由两个或两个以上的主体组成；

第二，主题之间相互联系，而不是各自独立。

首先，关于对比，我们可以将对比的文字内容可视化成符号的形式。

比如我做过一页对比图,当时演讲人想要表达——如今中国中产阶级的人口已经远超过美国总人口了。于是,我们用非常小的圆点来表示一个单元,圆点越多越密集,就表示人口越多。所以你可以看到右侧的圆点密集,而左侧比较稀少,如果你是观众,是不是一眼就能看懂两个内容谁多谁少了?

密度的可视化主要是为了将"多"这个含义具象化。

比如,《梦幻西游》公司想在发布会的 PPT 上突出他们有很多支持伙伴,于是我们就把他所有伙伴的名字放到了 PPT 上,做成了文字云,当作背景。其目的并不是为了让观众阅读所有呈现的文字,而是要渲染一种"多"的感觉,给观众震撼的效果。

PPT 的主体间关系包括并列关系、层级关系以及包含关系,关系的可视化可以很好地帮我们梳理内容之间的逻辑。

下面这一页 PPT 就包含了三种关系的可视化内容。

火药、活字和司南三大部分的内容就是并列关系,所以我用相同大小、不同颜色的图形来表示;同时他们又各自分出很多小模型,于是我用字体大小来展示层级关系;而且这些小模型与对应的火药、活字和司南三大部分的内容又属于包含关系,所以我将它们分别归拢到一起,并在它们的周围用相应颜色的点来渲染,渲染出一种包容的关系。这样通过关系可视化处理后就不难理解它们之间的逻辑了。

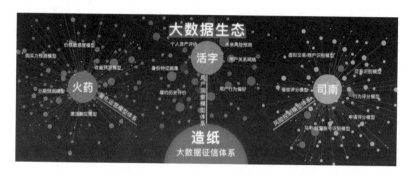

注："火药"为红色，"活字"为蓝色，"司南"为黄色。

　　顺序的内容也是可以被可视化的，比如时间顺序和逻辑顺序。当我们要表达一个主体在不同时间点发生的事件时，我们可以用时间轴来呈现。比如在汪峰 FILL 耳机的发布会上，有一页需要展示 FILL 上市的过程，我们就用了时间轴来将过程中的时间点串联起来。

检查可视化内容

　　在我们可视化信息时，我们要注意，可视化图像不应该只是一堆漫无目的、没有重点的图形。我们要检查可视化内容是否过度简化、呈现方式是否恰当。

一、是否过度简化

　　虽然我们的内容要尽可能简单地传达给观众，但是这并不意味着可以将内容"一减到底"。不要过度信任演讲人传达信息的完整性，一旦演讲人信息传达不全，而 PPT 的内容又过于简单，那么观众很容易出现认知的误差。因为观众只能看到你呈现的内容，并且由于观众知识背景各不相同，他们对于你的内容理解也不相同。

在演示之前，你要先了解你的观众群体，如果他们不全是你这个领域的相关人员，那么你就不能把可视化信息制作得太过简化，否则非专业的人是看不懂的，你需要适当留下一些常识性的信息辅助他们理解。

之前我给土豆短视频平台做过一页 PPT，当时土豆想表达自己所处的生态圈里有擅长长视频的优酷、擅长图文的 UC、精通 IP 的阿里文娱以及精通电商的淘宝网，而土豆本身擅长的是短视频，它要将这几个软件打造以短视频为核心的内容生态。其实当时只要把这几个软件的 Logo 放在上边，业内人士一眼就能明白哪个软件擅长什么。可是考虑到观众来自不同的领域，理解能力不同，所以我们就把每个软件擅长的内容加了上去，方便观众理解。

二、呈现方式是否恰当

比如字形、颜色和图像风格与文字内容是否相匹配。不恰当的可视化可能会让观众不理解你想要传递的信息。

我曾在 2018 年为汽车之家做了一场年会，有一页 PPT 的内容是呼吁公司所有同事要再接再厉、再创辉煌，于是我们选择了一条通往未来的道路作为背景。但是当时如果我选择一张我喜欢的钢铁侠，感觉一下子就不对了，观众或许以为我们要转战机器人领域了呢……

第四章

PPT

传播思维

如何被观众理解、记住、分享

传播思维是从发布会的PPT中引申而来的一个思维模式。作为PPT的制作者，我们不仅希望将PPT的内容准确高效地传递给现场的观众，更希望内容可以被观众主动分享出去，影响更多的人。传播思维有助于增强用户的反馈，实现效果的最大化。

善用比较，缩短认知差距

所有人制作 PPT 时都希望观众不仅可以接收到他们所有的信息，更希望观众可以将自己的内容传播得越广越好，赚得好的口碑。但是好的传播需要先让观众理解内容，然后再进行传播。如果观众没有很好地理解，那么在他主动传播的过程中就会产生误传，甚至曲解内容。

举个例子，如果雷军在小米发布会上放了一页 PPT，只显示价格很低，却并没有解释为什么价格低的话，观众很可能就会误认为"小米发布了一部低价手机"或是"小米手机就是低端手机"。但是，如果雷军再放一张同等价位的手机，又着重凸显小米手机优化的性能和高品质时，是不是就可以避免这样的误传呢？

当我们的内容对于观众来说并不熟悉时，如何让他们准确理解，准确传播呢？为此我们可以运用一个在 PPT 传播时常用的内容呈现方式——比较。

比较不是比喻，而是说不同领域的内容可以通过比较找到共同点。PPT 中的比较，我认为有两种：一种是类比，还有一种是对比。

类比的最终目的就是为了缩短观众的认知差距

央视主持人水均益曾在解释波黑冲突①时这样说："波黑冲突像一个久治不愈的病人，后来来了好多医生给病人会诊，但是病未见好转，人们对医生们的处方和动机产生了怀疑，医生之间也产生了分歧和争论。"他把复杂的国际形势用病人和医生的关系进行了类比，不仅恰当，而且简洁明了。

我们天生就擅长运用类比，我们会不自觉就倾向于把未知的事物往一件自己认知范围以内的事物去靠，通过熟悉的事物来理解新的事物。类比，其实就是把未知变成已知的过程。如何在 PPT 中用好类比，有两个简单的方法：

第一，同一个事物上，用不同的维度进行类比。

当观众对这个事物比较陌生时，我们可以用它的其他维度找到观众熟悉的点进行传播。

①　波黑战争是发生在 1992 年 4 月～1995 年 12 月，波斯尼亚和黑塞哥维那（简称"波黑"）三个主要民族围绕波黑前途和领土划分等问题而进行的战争。

比如，我要给学生做一个关于战国七雄中燕国的概况介绍，如果告诉他们燕国的都城就是蓟城，大家可能就没有代入感。但如果我说，蓟城就是我们今天北京的位置，并在 PPT 上用地图绘制蓟城和北京城的边界，观众心里一下子就对蓟城的位置有了更加清晰的认识。同一个地点的两个不同的称谓缩短了观众的认知。

第二，在不同事物之间，找到同一维度进行类比。

我们常听到有人说，哪个产品是某某领域的爱马仕，比如垃圾桶界的爱马仕——Wesco(威士克)、牙膏界的爱马仕——Marvis(玛尔斯)、牙刷界的爱马仕——Philips(飞利浦)等等。

为什么要这么宣传？因为爱马仕大家都知道，那是世界名牌，是奢侈品，是箱包、珠宝、服装等领域最好的牌子之一。而那些产品可能别人并不了解，但是只要这么一类比，你马上清楚这些产品在他们各自领域的地位了。

再举个例子，吉利汽车在其亚运战略新闻发布会上有这么一页PPT，他们为了自动驾驶的安全性做了 1 亿公里仿真路况的实验，如果只说这 1 亿公里，很多观众没有概念，于是我们在 PPT 上加上了全国公路线的地图，并由演讲人用类比的方式告诉观众这 1 亿公里是什么概念——它就相当于跑遍了全国的国道。观众一听就明白了吉利为自动驾驶的安全性做出的努力了。

对比的最终目的就是制造戏剧性的冲突，强化观众的记忆

加多宝、王老吉之战给很多人留下了非常深的印象，从他们的商标争夺战、直销渠道战到秘方归属权战，以及《中国好声音》的广告抢夺战，都是一种强烈的戏剧性冲突。其中有一个细节就是他们广告之间的对比。一天，加多宝官方微博连发四条主题为"对不起"的自嘲文案，并配以幼儿哭泣的图片，网友大量转发；而在同一天的傍晚，王老吉立刻在微博回应，公布了四条"没关系"的文案，并配以幼儿微笑的图片，来回应加多宝的"对不起"，这种对比让两者的冲突立刻升温。

不管两虎之争，最终胜利者是谁，就观众的传播效果来说，两个品牌都是受益方。关于对比，一定要有强烈的对比内容，如果对比得不痛不痒，那不如不去对比。

比如，你要说你的产品有 1000 人认可，而对手的产品有 900 人认可，那对于观众来说，这种对比并没有突出你的产品优势在哪，他们在观看内容时就不会有强烈的感觉。但是，如果你说你的产品有 1000 人认可，这个数量超过了行业内第二、第三、第四名的产品认可人数的总和，那在观众心里就会对这种碾压式的结果有了强烈的反应，你的产品地位也就稳妥地被树立起来了。

那么，如何在 PPT 里找到对比的方式？我总结了三种方法：人

无我有、人有我优、人优我精。

人无我有，就是当你的产品有绝对创新内容时，可以通过对比同类产品，很好地突出自己的优势。比如在做竞品项目汇报的时候，如果项目中有别人没有的内容，那么就可以将项目描述变成为对比描述，这样可以让观众更加直观地感受到你项目的优势。

在发布 iPhone 手机的时候，乔布斯就用诺基亚、索尼等按键手机作为对比，然后发布了首款无按键的智能手机 iPhone。

人有我优，就是说当产品功能一样的情况下，你的产品比同类产品更好，你就可以用对比的手法，这种对比在产品发布会上是惯用的手法。

比如 2019 年 3 月 26 日晚的华为 P30Pro 手机发布会上，华为 P30 系列就拿自己的暗光和夜拍功能同 iPhone XS Max 和三星 GalaxyS10 ＋的夜拍功能进行了对比。在 PPT 中，华为放出了三台手机同时拍摄极光的样片。P30 强大的夜拍功能可以清晰地拍摄出极光，直接碾压了 iPhone，也远远超出了三星手机的夜拍功能。

人优我精，就是说当产品都很好的情况下，你的产品就是专门为某个细分领域的需求而生的。

风靡一时的耳机制造厂商 Marshall 曾经出过一款专门为音乐而生的手机——Marshall London。对比当年其他的手机，它前置双扬声器配置，据说是地球上外放声音最大的手机了；它的双立体声耳机输出插孔，令每个耳机输出都具有独立的音量控制；并且它还包含了价值 59 美元的 Marshall Mode 入耳式耳机。如果单看音乐手机这一细分领域，这款 Marshall 手机可谓是碾压了其他手机了。

给 PPT 制造记忆点

信息被观众准确地接收只是传播的第一步，观众了解了却没有记住，那么传播链条也就到此终止了。

在课堂上，我们常常听到老师敲着黑板说这里是重点；商场里，常常听到销售说某件商品行业第一；在工作中，常常听见领导对重要内容反复嘱咐。这些都是把关键信息打磨成记忆点的方式。

制造记忆点就是把你的观点进一步打磨得更加清晰易懂，做好触发动作，告诉观众这就是你想要让他们记住并传播的内容。要想实现这一点需要两个秘密武器，第一个是"语言钉"，另一个是"视觉锤"。

语言钉，就是近几年来大家特别爱提的金句。语言钉的定义最早出现在广告营销的领域，指的是从个性层面回答"你是谁"这个问题，是品牌与其他品牌之间差异化的属性，也是客户选择购买该品牌的理由。

举个例子，Boss 直聘的广告语为"找工作，和老板谈"，拉勾网的广告语是"专注互联网职业机会",两个简单的话述就体现了不同招聘网站的差异化特点。

在 PPT 中,语言钉简单来说就是有一个差异化的表述,能够植入观众的心里,让观众被它吸引,并且记住它:

1.它可以是你给出的结论。比如,早期锤子科技创始人罗永浩发布第一款手机 T1 时,在介绍完手机的工业设计与软件功能后,给出了调侃式的"全球第二好用的智能手机"的结论,并且不断重复,加深观众对这个结论的印象。如果罗永浩总是很平淡地强调自己的手机是很好用的,那可能就无法吸引那么多的关注度。

2.它可以是为一个词语下的新定义。2017 年 8 月 31 日,罗辑思维《得到》002 号知识发布会上,在发布《清单革命》这本帮读者建立通识的书时,为了让大家更好地理解这本书,我们在 PPT 上为这个词做了一个新的定义,即"清单是人类应对现代复杂事物的大脑外挂",这样观众就会知道有了清单,大脑可以专注于"判断",清单是大脑的外挂,从而对这本书有更好的认知,加深他们的记忆。

3.它可以是一个新概念。在 2016 年罗振宇老师的跨年演讲的 PPT 中,罗老师参照"国民总收入"一词创造性地提出了"国民总时间"的概念,说明在我们可见的未来,时间是绝对刚性约束的资源,一分一秒也多不出来。对于普通的观众,之前没有听说过这样的东西,第一次听到感觉非常新鲜,所以观众会对这个概念印象特别深刻,并且记住它。

语言钉还可以是引用的一句名言。在 2018 年的罗振宇跨年演讲中,他说到 2018 年很多个体命运的缩影是被夹在时代的洪流当中,找不到方向,并且配上了万维钢老师的一句名言"你有你的计划,这个世界另有计划"。这一句名言，简单有趣地体现了个体命运的特点，让人不禁莞尔一笑，同时加深了观众的印象，让他们记住了这句话。

出结论、下定义、提概念、做引用，这四个差异化的语言钉可以从个性层面体现你内容的特点，是你区别于同行业人的差异化属性，也是观众被你吸引、记住你的理由。

视觉锤，在品牌定位领域，对它最常见的解释是：将语言钉视觉化呈现的方式。而且视觉锤必须和语言钉的内容相关联，这样才可以将语言钉深深地砸入观众心中，让观众牢牢记住。

PPT 的视觉锤形式十分广泛，几乎所有视觉元素，比如字体、图片、颜色、构图甚至形状等都有可能成为视觉锤。那么，在注意力时代下，我们究竟该如何使用视觉锤呢？

1. 可以通过语言钉内容的字体设计，来加深观众的记忆点。

小米 2016 年春季新产品发布会上，在雷军介绍完自家的产品用了什么黑科技，又有什么新亮点后，都会出现这样下结论式的语言钉——探索黑科技，小米为发烧而生。为了吸引观众注意力和提升画面的冲击感，他们使用了一种激情洋溢的书法字体，彰显了小米张扬、不甘平庸的个性。这里的视觉锤用的是字体，因为书法字体能够传递一种热情积极的情绪，强化了观众对这句话的记忆点。

2. 通过个性的视觉符号，用于自己的视觉锤。

一切隐藏品牌名称后能被人识别的图形都被我们称作品牌的视觉符号，比如我们熟悉的 Thinkpad 电脑键盘上的小红点，比如腾讯的小企鹅，比如蒂芙尼特殊的蓝色。生活中我们经常可以在奢侈品上看到 Logo 铺满整个服饰，这就是将视觉符号用于视觉锤的一种呈现方式,而在我们的 PPT 中想要有目的地强化某个品牌时,也会将产品其中一个特点放大当作视觉锤使用。比如我们在给 Thinkpad 做发布会 PPT 时,就常常会用他的小红点作为设计元素。除了产品特点之外,华为在其 PPT 的设计规范中也有用华为一点红的要求来强化华为 logo 红的设计理念。当然,对于有些产品特点不是很突出的,我们也会建议可以在颜色的选取上,多采用品牌 logo 的主色调,比如 Instagram 的发布会,用了它最爱使用的红橙主色调,不断用颜色去强化观众对品牌的印象,多闪 APP 的发布会上为了将多闪这个新的聊天工具尽可能深刻地植入到观众的脑海中,几乎每一页都设计了带有它 LOGO 黄绿色的元素,希望用颜色可以加深观众对多闪的印象。

3. 可以用图片刻画场景。

这里的图片并不是简单的配图,而是要围绕重点内容构建真实场景,让观众有代入感。记住的另一层含义就是要让观众在特定场合下想起你,我们称作"随时唤醒",所以我们选择的场景要尽可能的贴切。比如,在吴晓波老师《国运 70》的演讲 PPT 中,在描述抗战救亡的年代时引用了川军士兵的一句话:"此战中国必胜,不过胜利到来的那一天,我应该已经死了。"为了让观众更有代入感,我们构建了一个具有年代感的场景,通过窗户的打开,我们可以看到川军士兵写下了生死状的画面。这种高度还原现实的画面,不断冲击观众的视觉,仿佛自己就存在于当时的环境中,给人极大的触动,从而达到了记忆的目的。

此外,在这场演讲中吴老师总结出"国运即人运",于是我们把马云、任正非、屠呦呦等众多行业先驱的照片进行泛黄处理和层叠排布，营造了一种历史年代感，表达了我们国家这几十年的快速发展离不开这些优秀人才的助推。当观众看到这些行业先驱，就能够理解"国运即人运"的含义。

　　而在三星的发布会中，场景的营造更是被用到每一个讲解的新功能上。他们构建了一个个真实的场景，通过大屏幕的投射，让观众置身于这些功能的使用场景中，不断加深对新产品的印象。

三星 Galaxy S9 实现了在虹膜识别和面部识别间的切换

　　在内容同质化严重的当下,我们一定要做到出奇制胜,选择那些具有创新性、反传统、反经验的东西来传达我们的观点。如果只是跟着同行,采取和他们类似的内容呈现方式,基本没有什么亮点,最终只会沦为普普通通大众的一员。想要脱颖而出,吸引观众们的注意力,就需要灵活运用语言钉,并且打造一柄强有力的视觉锤,通过视觉呈现的方式,有效地加深观众对你内容的印象,并且能够让观众在特定环境下想起你的内容,这才是我们设置记忆点的初衷。最后我想要强调一下,视觉锤是需要反复捶打的,就像钉子也不会一下就被锤子砸进墙里,想将你的内容植入到观众心中,更需要长期使用视觉锤。

成为观众心中的第一名

让人记住的方式除了语言钉和视觉锤的运用外，在 PPT 演示中还有一个非常有效且很实用的方法就是——树立"第一"。因为在人们心中第一就是最好的，最重要的。第一能让观众立刻对你产生判断，是最快占领观众心智的方式。

为什么乔布斯能够一次又一次地引领商业世界的变化？在 2007 年，他发布了第一款 iPhone 手机，在开场的时候他说："每隔一段时间，就会有改变世界的产品出现。"值得注意的是，他用了"改变世界"作为开场白，而"改变世界"这四个字其实就是在为他的产品树立"第一"。最终，iPhone 成了当时行业内的第一款真正意义上的智能手机。

"当第一胜过做得更好。"这句话是杰克·特劳特在他的《定位》中说到的，也是迄今为止最有效的定位观念。

大家可以想一想，第一个登陆月球的人是谁？你们可能会毫不犹豫地说——是阿姆斯特朗。那么第二个呢？现在可能已经极少有人能想起来了。其实第一次登月的是两个人,和阿姆斯特朗一起的还有美国宇航员——巴兹·奥尔德林。但是哪怕是同一批踏上月球的宇航员,哪怕巴兹·奥尔德林的脚印更深,人们还是只记住了第一个迈出这一小步的阿姆斯特朗。

所以,我们在 PPT 中也要学会用"第一"占领观众的心智高地。

我之前见过一位创业者,她所在的公司要研发一款充电宝,她说这将是全世界体积最小的 10000mAh 的充电宝,而且用的是特斯拉的电芯。当时我听了,一下子就来了兴趣。

小米在召开 MIX2 的发布会时,宣传重点是它的全面屏手机。当时很多人其实并不看好小米,因为那天之后苹果马上就要开发布会了,同时也会发布一款全面屏的手机。小米这不是撞枪口上了吗?

但其实未必,且听雷军是怎么说的。他说:"我们一年前发布了小米 MIX1,开创了全面屏这个概念。"他表示,当时谷歌不同意使用新屏幕横纵比,小米高管就飞去和谷歌谈判,后来谷歌被打动了,允许他们运用特殊的屏幕比例来开发手机。

雷军的言外之意是:小米不仅是全面屏的首发品牌,就连全面屏这个概念都是小米提出的。在他们发布之前,全面屏没有很高的搜索热度,在他们发布之后,全面屏才逐渐引爆了市场。对此,他还在产品发布会上用了百度指数的截屏,表明确实是在小米 MIX 发布会后,全面屏的概念才全面引爆。他不断去树立小米在行业中"第一"的领军位置,来告诉"米粉"小米独特的价值,让"米粉"甘心为这样的小米买单,在用户的心中占领了高地。

为什么大家都要占领"第一"呢？其实在动物界有个很有趣的现象，叫做**印刻现象**，指的是有些刚生出来的小动物对第一眼看到的物种会产生强烈的依赖感。比如小鸭子破壳之后第一眼看见了谁，就会把谁当成自己的亲生母亲。

人类其实也有类似的反应，我们总会对"第一"格外关注或是记忆深刻。你们可以在新闻标题中发现"第一"原则永远都不会过时。比如新闻里的"第一架无人直升机""第一经济体"，甚至是"第一夫人"，这些词都是热搜的常客。

而在消费品中，各个行业的第一品牌总是会有很好的销量。因为在我们心里，"第一"已经和"最可信赖"挂钩，消费者对"第一"的强烈依赖感从古至今都是商家绞尽脑汁成为"第一"的动力。而小米顶住苹果的压力，力争全面屏，也是如此的想法。

但是如果挖掘不出"第一"，该怎么办？有三个方法可以帮助我们找到属于自己的"第一"：

第一个方法，重新定义，创新概念。

举个例子，小明同学虽然不是班里总成绩排名第一的学生，但是他是每天第一个写完作业的学生。

再比如，2018 年猎豹移动公司发布了一款名叫豹小秘的机器人，这是一台拥有前台接待、智能引领、自动巡逻等丰富功能的实用型智能机器人，它可以像人一样为用户提供五星级的接待。

对于观众来说，智能机器人已经屡见不鲜，那么如何凸显这款产品的优势，给观众留下深刻印象呢？这是当时制作发布会 PPT 的首要任务。

我们通过对产品的了解，发现在市面上，智能机器人的种类虽然有很多，但很多都是"套路"，都是概念。比如说有些智能机器人声称可以智能翻译语言，其实还是需要人工翻译的辅助才能完成；有些说是可以智能导航，根据路况自动调整路线，其实还是有很多人为操控的因素在内。可是这款机器人却可以做到在特定场景下，比如前台接待中，它可以很好地通过强大的感知系统和独特的人脸算法，独立地完成接待工作。于是，我们根据这一点做了一个创新的定义：这是**第一款真的对用户有用**的机器人。

然后我们在 PPT 中给真有用的机器人做了个定义和解释——通用机器人那么难，我们能不能做出一款在特定场景下真有用的机器人呢？这样，在观众心里对于豹小秘这款产品就有了一个标杆性的认知——它是真的有用。

第二个方法，在细分领域成为"第一"。

比如小明同学虽然不是班里总成绩排名第一的学生，但是他可能是语文成绩第一的学生。

继续前面豹小秘的例子，在树立了一个"第一款真的有用"的地位之后，我们为它在细分领域中建立了另一个"第一"。那就是——在服务接待机器人里，豹小蜜是全球**首款五星级的机器人**。虽然智能机器人千千万，但是在服务接待领域的智能机器人，豹小秘可是第一个做到五星级品质的。于是一下子就让它从"茫茫机海"中凸显了出来。

第三个方法，限定区间，利用动态数据对比，成为"之最"。

例如京东金融在它成立第四年的时候公布了数据，用一个四年区间的变化体现了它虽然不是全球科技领域最大的公司，但却是增长最快的公司之一，从而凸显了这个年轻的互联网公司不可限量的前景。

占领我们大脑的"第一"很难从我们的记忆中抹去，并且它还会在我们的大脑中慢慢固化，产生联想。可是在实际操作中，你需要给到观众一个他们可以接受的"第一"，也就是说，你需要找到和观众相同的坐标系。

所谓"知识的诅咒"，是说我们一旦知道了某事，就无法想象这件事情在未知者眼中的样子，当我们把自己知道的知识解释给别人听时，因为信息的不对等，我们很难向对方展示清楚。

因此，当你在你的领域中找到"第一"的时候，你就非常容易被这种"知识的诅咒"所影响。观众并不一定熟悉你的专业领域，如果你的解释比较晦涩，观众就很难理解那些你认为很牛的事情，自然你表达的观点也就吸引不了他，也就无法得到观众的认可。所以，你要用观众听得懂的语言去展示你的内容。

当我们不确定观众是否能理解时，你可以找一个不同领域的朋友，先讲给他听，如果他能够理解，那就说明你和你的观众处在了同一坐标系里。

基于长尾效应打造传播点

分享是人的天性，当我们遇到好玩的、好看的东西，就会忍不住要和周围的小伙伴分享。而主动分享，顾名思义就是，分享者在没有受到任何外部环境影响的情况下，自发性地分享内容的过程。很多人可能会担心，是不是一定要有一个非常好的创意，才会被观众主动传播，从而增强我们的影响力？回答这个问题之前，我想先介绍一个重要的概念，叫长尾效应。

长尾效应，最初是由美国《连线》杂志的主编克里斯·安德森提出的，他认为，商业和文化的未来不在于热门产品，不在传统需求曲线的头部，而是在于需求曲线中那条无穷长的尾巴。从人们需求的角度来看，大多数的需求会集中在头部，这一部分我们可以称之为流行，而分布在尾部的需求是个性化的、零散的、少量的需求，而这部分差异化的少量的需求会在需求曲线上形成一条长长的"尾巴"。而所谓长尾效应就在于它的尾部的数量，将所有非流行的市场累加起来就会形成一个比流行市场还大的市场。

应用到我们的 PPT 上也是一样。如果想获得观众更多的传播，不一定要追求一些大的创意点，也可以通过去设置很多小的传播点来满足观众的个性化需求，从而让他们主动传播。其实在注意力稀缺的当今，PPT 演示的现场，反倒成了大家传播最青睐的场景。因为现场的 PPT 演示本身就具备了刺激观众分享的环境。首先，现场 PPT 的演示为观众提供了很好的分享素材，观众可以对 PPT 的内容进行分析或转述；其次，因为现场的发布会具有人数和时间的限制，也体现了观众来听演讲的独特性，这个独特的身份也刺激着观众想要主动分享，给人一种"人无我有"的现场优越感。

传播点的设置主要有三大方法：

第一，结合观众思维，根据观众的需求设置传播点。

有时候，我们可能会比较纳闷，为什么别人做的内容就能刷爆朋友圈，而我们呕心沥血做的内容就石沉大海？想解决这个问题，就得先了解什么会让观众主动传播。

其实沃顿商学院的市场营销教授乔纳·伯杰，已经在《疯传》这本书当中帮我们总结了六大影响传播的因素，它们分别是社交货币、诱因、情绪、公共性、使用价值和故事。

（一）社交货币

社交货币原意是：当人们利用分享行为来改变自己形象时，会传播看到的内容，人们都希望自己在别人心中有一个好的形象。简单来说，社交货币是一种优越感的筑建。所以，很多人喜欢根据自己的人设发一些高雅、时尚或是学术的内容，来向朋友圈里的其他人表达自己的兴趣和观点，甚至为了树立自己的形象。一些高溢价的社交货币一定会被人们主动传播。比如一些知识内容的分享，大家会乐此不疲地将它们拍下来，分享到朋友圈中。例如科技思想家王煜全的2019年前哨大会的主题是"以未来视角盘点2019年十大科技趋势"。在大会上，王煜全提出：科技才是社会发展的根本动力，不管是经济还是政治，到最后，最本质的推动来自于科技。于是，他提出了2019年十大科技趋势——车的革命、万物智能、混合现实、肿瘤治疗等。对于科技趋势这样高层次的话题探讨，极大地刺激着观众们对向周围分享的意愿。因为这些内容可以帮助观众去提高自己在朋友圈的格调，也就是我们所谓的高溢价的社交货币。

如何制造社交货币：

1. 猎奇。大多数人都喜于分享一些平时不常接触的领域的内容，例如一些前沿的技术，尘封的历史，新的发现。一方面出于好奇，一方面也是优越感的一种体现。我们要利用观众的这种猎奇的心态，在内容的设置上有意地融入这类内容。

2. 找准圈层。今天基于兴趣来进行圈层划分，小众文化都会有专属的圈层，例如二次元、探险者、嘻哈圈，也可能是街舞和篮球等。第一章已经建议大家去了解你的观众，但是除了基础的判定外，影响观众主动传播更具针对性的方式就是找对圈层。首先，在圈层文化中，用户的黏性极高，并且对于相关内容有更加积极的传播意向，因此PPT的内容需要在针对的圈层中具有独特性。无论支持你的观点与否，这些观众都会喜于评论你的观点并分享到朋友圈中。其次，找到关于这个圈层最关心的话题，以便更好地影响你的观众。

(二)诱因

有的内容会在一个时间点上迅速引爆朋友圈，但是很快就会冷下去；而有的内容却会持续被人们传播。那么，如何才能让我们制作的 PPT 被持续性地传播呢？诱因就是一个重要的因素。

诱因，就是将内容与人们生活中常见的场景或事物关联在一起，通过这种常见环境的刺激，诱导观众对你的内容产生好感，从而进行分享。所以，我们在做 PPT 的时候，最好能够把内容和一些常见的高频的场景相结合。

比如飞鹤奶粉，在传达其品牌理念——它的奶粉最适合中国宝宝时，选择了一张孩子笑脸的群像，而且是中国孩子笑脸的群像，来表现它是最适合中国宝宝的奶粉。孩子的笑脸最能打动现场为人父母的观众，令观众主动拿起手机记录下了这一页，并分享出去。

如何制造诱因：

1.内容日常化。记载 PPT 里提到的内容，越是在日常遇到的事物越能引起人们的议论。这也是我在前面讲过，PPT 的内容要贴近观众，要贴近你观众的生活，让观众的记忆在日常生活中能随时"被"唤醒。

2.环境刺激。有时候我们在酒会中，听到舒缓的爵士乐，就不由自主地想摇晃红酒杯；有时候，在超市，临近春节时总是会播放欢快的中国风音乐，这时易于送礼的干果就特别容易被人拎走。

（三）情绪

前文已经提到过情绪，它是吸引观众注意力的必要手段之一。情绪的持续发酵会增加人们的分享欲。比如雷军红米的发布会上，由于对友商恶意攻击的不满，一页"生死看淡，不服就干"的 PPT 不仅充分表明了雷军的态度，还表达了对自己产品的自信，这句话也瞬间点燃了很多人压抑在心中的情绪，一下子这张图便传遍了大街小巷。

再比如吴声老师的"新物种爆炸·吴声商业方法发布 2018"发布会。在新物种大会的开场，吴声老师回顾了 2017 年的 10 个预测，对一年来新物种的演化做了总结。为了一上来就可以让观众感受到"新物种虽然如雨后春笋一样涌现，但是一年后它们的命运却方生方死"，我们在 PPT 上放上了贝克汉姆的照片和一段解说词作为开场：

"他是宠儿也是弃儿，他被追逐也被放逐，他在失重后赢回尊重，他在尊重中迎来更多的尊重，他在离开时已经没有离开。"

这样的一个画面不禁让人们对新物种的生长和发展开始反思：它们到底是这个时代的宠儿，还是弃儿？

很多发布会以为观众会自己找到内容中的重点来主动分享，其实观众对于重点内容的感知是滞后的，而最快速能感知到的就是情绪，所以我再次强调烘托情绪的重要性。

（四）公共性

日常生活中，我们很多决定都是根据别人的决定做出来的，朋友的信任背书会让我们省时省力。我们会推荐朋友去人多的餐厅吃饭,会买朋友买过的产品,朋友减肥时,我们也会产生想减肥的心理。这个就是公共性,公开性强的话题很容易被人传播。所以,在我们的 PPT 里,最好也能引入一些公共性话题或是热点性话题。这样就更容易引起观众的公开讨论,从而达到更好的传播的效果。

经常有游戏发布会和当下的热点影视剧进行结合联动,例如我们就为《梦幻西游》做过与《流星花园》深度联动的发布会,并专门设计了与影视剧海报类似的 PPT 风格,刺激了两方粉丝的纷纷转发。

(五)实用价值

实用的内容在传播中会显现出更强的生命力。

我们会向别人分享生活中的实用小技巧,会向朋友传播有价值的干货文章,尽管这些内容不酷,也没有什么趣味,甚至没有任何的诱因,但是它对我们来说具有实用价值。那么,在做 PPT 的过程中,我们就要想清楚什么内容对观众来说最实用。一些产品解决用户痛点的页面常常会被广泛传播。

例如,特斯拉的安全系统,马斯克用了很大篇幅的 PPT 讲解了他的安全系统,这让很多特斯拉的粉丝对品牌产生更强的信任感,将该功能主动地分享传播出去,毕竟还有什么比车的安全性更重要的呢?

如何制造实用价值:

1.干货分享。一些真正有用的小知识,比如如何让家里的 WiFi 信号更强,如何利用手机拍摄银河等等。更多的演讲者会选择分享经验,比如有一个叫做烈风的自行车品牌,发布会的主题就叫《干他一半》,在其 PPT 中分享了一些他如何减少行业传统的中间化成本,如何利用全球化供应链解决制造成本的方法。当然你也可以讲一些你所在行业中公开的秘密,吸引你行业以外的观众的注意力。

2.限时限量。比如演讲 PPT 中插入一两张与观众互动的,可以让观众扫码分享换礼品的页面,实时的奖励会令观众愿意分享。

(六)故事

有时候,人们不仅会分享信息,还会分享其中的故事,这也是我们在预期思维中提到的重要知识点——讲好故事。

例如,700Bike 的创始人张向东用一页"不想白白爱过自行车",讲解了自己由于对自行车的热爱,离开了自己熟悉的行业,重新创业,一下子感染了现场的观众,将这一页主动传播出去,为 700Bike 获得了很多的粉丝。

上面这六个因素在实际应用的时候并不是单独使用的,要尽可能结合使用到我们的 PPT 中。这样,我们就可以阶段性地设置多个传播点了,观众传播的概率也会大大增加。

第二，根据预期思维找到传播的目的，并设置传播点。

我们在做 PPT 的时候就要明确"我希望什么内容被观众传播"，如果没有明确这一点，很可能会搞错传播的重心，付出了各种成本，例如时间、金钱，却没有达到预期的传播效果。

这一点在很多发布会上非常常见。例如，现在市面上很多手机发布会总是把舞台和灯光设计得非常炫酷，屏幕也会越做越大，希望博得更多的眼球，却忽略了对 PPT 内容的优化。现场的观众如果将过多的注意力放在了舞台效果上，却没有将重点内容传播出去，那整个发布会的传播重心就偏了。发布会最重要的就是引导观众将重心放在发布的内容中去，有时候甚至可以减弱内容以外的设计，以免抢戏。

第三，利用群体效应。

不知道从什么时候起，周边的人流行起这样一种心理模式：东西好不好，上小红书知道知道；知识类解答，上知乎上了解了解；企业行不行，上企查查搜索搜索……

这些软件的兴起切中了人们在选择新事物时一种从众的潜意识心理。人们喜欢在大概率事件中倾向他人（熟人更甚）推荐。这就慢慢形成了 KOC（关键意见消费者），甚至形成 KOL（关键意见领袖）。用户则以 KOC、KOL 为中心领袖，其他人呈散射形状拥护。这就有点像漩涡，会把周围的水逐步卷入漩涡中，直到最终占领整个市场。

《乌合之众》中也提到过"群体情绪的相互传染，对群体的特点形成起着决定性的作用，决定着群体行为选择的倾向。"

心理学上更习惯将这种行为称之为信息重叠效应，它是指个人忽视自己的私有信息而一味模仿其他个体的行为，在一个序列交易的经济中,这种模仿行为会阻断信息流,产生羊群效应。通俗点说,羊群效应研究的是集体从众,而信息重叠研究的则是个体从众。当个体从众发展到一定阶段,就会产生羊群效应。

很多点赞、热搜的模块就是利用了这种群体心理,间接进行品牌营销,扩大品牌的传播面积。

这也印证了:为什么我们在一些喜剧情景剧中能听到后期添加的笑声背景声?为什么我们在一些大会中能发现领掌(带头鼓掌)人、领哭(带头流泪)人?所以,我常常建议一些客户在发布会上安排 5—8 个领照的(带头拍照)人……

适当运用好这个心理,做好演示以外的工作,可以有效提高观众的传播热情。

分享是人的天性,但是在信息爆炸的今天,PPT 演示的现场成了观众主动分享的最佳场景。我们要学会感染观众的情绪,让观众有感而发;要提供给观众超出他们认知的内容,让他们有价值提升的感受,乐于炫耀;也要在设计的创意上进行突破,达到视觉的震撼……当观众乐于主动分享我们的内容时,才会给我们带来更多的机遇。

以上这些细小点的传播效果,构建了 PPT 传播的长尾效应。当然,这么说并不是反对舞美设计,而是我觉得内容本身的可传播性才是更重要的。只有打造了好的内容,才值得配更好的舞台。

所以,在我们把 PPT 设计得精美,动作制作得酷炫以前,一定要先对自己的内容进行推敲,想清楚我们的预期,设置好传播点的内容。

刺激分享的创意方法

优质的内容会让人印象深刻，而好的创意可以刺激观众主动传播。设置好传播点，并且在内容上尽可能贴近观众认知之后，我们需要加入一些好的创意来抓住观众的眼球，希望可以刺激观众主动分享。

但是，有时候我们用尽了浑身解数，却没有换来相应的回报，可能创意缺乏亮点，也可能是创意有些太抽象，所以很多人觉得创意是一个飘忽不定的东西，很难捕捉。

到底有没有一个简单的路径得到好的创意，让我们在制作 PPT 的时候找到一个明确的方向？我的回答是，有的。

联想法

好的创意一定要善于联想，但是我们也要避免漫无边际的联想,所以联想法的第一个步骤,就是要找到内容表达的重心,用重心来找到思维的边界。

比如在介绍一款巧克力时,是强调其口感,还是强调其功能,或是强调其用料十足? 德芙的牛奶巧克力为了强调其口感"此刻尽丝滑"时,通过丝绸的质感联想到巧克力口感的丝滑;而我们耳熟能详的士力架广告则重点强调其功能性,通过林黛玉和守门员这两种角色的反差,来联想到"横扫饥饿"前后的不同状态。

PPT 中,我们的创意也一定要围绕着内容表达的重心。

比如我们在给一家金融公司做 PPT 设计时,在表现财富管理业务时,我们希望表现的重心是财富的稳定增长,于是就选择了神秘的鹦鹉螺作为意向。鹦鹉螺里面含有一组斐波拉切数列,代表着递增。

而当表现保险业的时候,我们选择了一把电子锁,希望可以将安全感直接传递给观众。

找到表达的重心之后,就要开始进行第二步——找到联想对象。联想对象要保证三个原则:

第一，一定要抽离原始对象。围绕对象自有的属性产生的联想不是创意，而是说明。

比如，在画面上将辣椒酱和辣椒放在一起，很多观众会认为这辣椒是辣椒酱的原材料。但是，如果将这个辣椒酱和火放在一起，观众一下子就能从画面中感受到辣椒酱进口的炙热感。

第二，一定要是观众可感知的。创意的目的是为了观众在看到同一内容时，在心理上获得更大的触动，而不是增加阅读障碍。

比如，互联网领域非常典型的一种商业模式——三级火箭商业模式。该模式分为三步：第一步聚集用户流量，第二步就是将用户快速沉淀到一个商业场景下。第三级则是利用成熟的商业模式盈利，三级做下来，最终形成良性的商业闭环。因为现实世界中火箭也是三级设计，故而这样命名，而这种设计也是一个成本和可控性平衡后的选择。

第三，联想的结果是可以倒推的。在创意中无论如何发散，最终可以倒推回表达重心本身。

比如，在百度世界大会中，我们想表现我们在真实世界中用到的智能交互只是已知的一小部分，其实，真实世界下的数据是更加庞大的未知领域。这是一个关于体积的对比，未知比已知的更加庞大，于是我们列举了很多有这个倾向的意象，比如树冠和树根、星球和宇宙、冰山。但是，树冠和树根表现体积并不直观，而星球和宇宙更像是一个包含关系，并不能算是一个完整的意向，而最符合表现体积的是冰山，因为冰山是完整的一个整体，而冰山在水面上暴露出来的只是一小部分，大的部分隐藏在水底，又有了明显的分界。最终我们选择了冰山这个意向。

角色换位

我们长时间养成的工作习惯已经成为我们的思维定式,很难突破,但是换一个角度,可能就会豁然开朗。

大多数人在做PPT的时候,常以完成制作为目的,但一旦这么做就难免落入俗套。学会比别人多想一步,才能找到更高的价值。我们可以暂时忘掉自己只是在做一个PPT的演示材料,让自己转变一个身份。

第一个身份:广告策划

做一个好的PPT难道只是让观众看完吗?当然不是。一个好的PPT可以刺激观众后续的动作,比如:和产品相关的PPT,可以刺激观众购买;融资类的PPT,可以刺激投资人出钱……所以,千万不要小看了你的PPT。转变身份,用一个广告策划人的思维去思考。如果我广告策划,我将用什么创意方式呢?

比如,我们的团队就从广告策划人的身上学到了用场景化去做创意。场景化是通过给观众制造一个场景,让观众去想象,然后与内容产生关联,带来超强的沉浸感,并产生共鸣,做到对内容的最大化输出。

场景化在PPT中分为两个不同的方向:

第一个方向,是真实场景的还原。

将内容和内容中应用到的场景结合,这就是为什么王老吉的广告场景要设在火锅店里；士力架的广告场景要放在球场或者爬山的时候；每年春节前，你都会看到可口可乐拍一只阖家欢乐的广告……场景，可以将内容与观众瞬间连接起来。PPT 引起观众的共鸣不是抛出一个又一个冷冰冰的观点，而是营造一个真实的使用场景，让观众有沉浸感，然后在观众熟悉的环境中，向观众输出观点和内容。

例如，吴声老师在 2018 年"新物种爆炸"发布会中，讲到"家庭关系基于数据被联系了起来"这一句话，对于观众还比较有距离感，因为很多观众很难理解家庭关系是如何基于数据被联系的。于是，我们将真实家庭场景进行了还原，让大家看到原来我们的影音娱乐、水电燃气和很多家电产品都是数据收集的来源，场景的还原辅助了观众的理解。

第二个方向，是虚拟场景辅助理解。

我们很难找到一个具象的场景作为内容的载体，或者具象的场景太过宏大，这时候就需要拼出一些虚拟化的场景，辅助观众理解内容。

例如，在智慧城市的领域里，针对智慧城市的解决方案，观众最关注的问题就是数据收集。但是，数据收集的途径多种多样，我们在为海克斯康制作他们的智慧城市发布会 PPT 时，为了突出他们数据收集的来源十分广泛，我们专门在收集数据这一页搭建了一个虚拟城市：在城市里，升起了分别代表交通、工业、医疗、商业等不同领域的图标，让观众可以清楚地看到这些信息来源于各行各业，进而明白海克斯康在智慧城市数据信息获取方面的全面性。

第二个身份：导演

其实更多的时候，我们是在为自己"导演"一场演讲。作为导演，重要的一点就是内容的情节化。关于情节化也有两个方法：

第一，为 PPT 设定一个拟人化的角色。

现在在 PPT 中，我们极少能看拟人化的应用，但其实拟人是最直接的能令观众有代入感的一种方法，它可以使内容更加生动。从传播角度来讲，一定要让观众对内容产生好感，而拟人化的角色是增进用户好感最简单的方式，因为 PPT 中拟人化的角色更具有亲和力，同时也更容易刺激观众进行分享，这种方式非常适合面对年轻观众。

例如，在青葱奖介绍比赛环节的时候，我们就对大奖的名称"青葱"做了拟人化的处理：用一棵青葱的形象来演绎赛制，让枯燥的赛制生动起来。角色对内容生动化的演绎，使观众对内容的理解更加直观，观众可以直接把自己和内容中的角色进行置换，从而更好地理解内容，并且引发共鸣。

第二，将观众陌生的内容用线索去连接。

有时候，内容本身的枯燥会让观众对 PPT 失去兴趣，甚至走神，内容完整地传递都有风险，又何谈二次传播呢？这个时候，就可以像导演一样，为观众设定一个线索。一个有趣的线索可以有效地吸引观众的注意力。

比如，我们曾经为一个新的金融产品做发布会，在很多人的刻板印象里，介绍金融产品的发布会一般都会很乏味，用一连串的数据、模型和专有名词来介绍定义和模式，不仅枯燥难懂，还容易让观众失去观看的耐心。所以，我们就需要用一些小创意来吸引观众的注意。那时候，我们突发奇想，用一个小火箭的旅程作为线索，顺利将观众的思路带进了这个产品：我们用火箭上升的过程，表达新的产品超越了过往的热点金融产品和传统模式；通过火箭飞行的过程，说明新产品是由产品、大数据、消费场景和用户需求来驱动的，是专门为面向消费者打造的金融产品。

整个过程中，观众的注意力一直跟随着火箭飞行这条线索。由于创意的新颖，不仅持续吸引着观众的注意力，还有不少观众被画面所吸引，纷纷拍照分享，达到了我们的目的。

PPT

第五章

设计思维

将PPT打造成最佳作品

设计思维，即跳出固有思维，从艺术的角度去考虑的思维模式，这是完成PPT的最后一个步骤，也是整个PPT制作中举足轻重的加分项。

让数据不再枯燥

做 PPT 免不了接触到数据，比如产品的性能参数、价格、销量等。如果我们只需要简单描述这些数据，可以直接把数据放在 PPT 上；但是当我们要对不同数据进行分析时，简单的数据堆叠或者文字阐述显然满足不了受众的需求，也达不到我们的预期效果，这时就需要用到图表来呈现其中的关系了。

和 Excel 不同，PPT 中的数据图表，重点不在于数据本身，而在于通过数据的变化所呈现出来的问题，也就是让观众看到的结果。将数据图表化，一定意义上也就是将信息可视化，所以数据图表的呈现方式就显得更为重要了。

PPT 自带了很多图表模板，什么数据搭配什么图表，就要取决于你采用的数据之间存在什么关联、你想要通过图表向观众传达什么信息。

PPT 中最常见的图表有饼图、条形图、柱状图和折线图。

一、饼图

饼图也叫扇形图，用整个圆的面积表示总数，用扇形面积表示各部分占总数的百分数。可以清楚地表示出各部分与总数、部分与部分之间的数量关系，呈现构成情况。

为了让观众看到清晰的数据占比情况，我们通常会给饼图每个部分填充不同的颜色：如果数据本身差异较大，用同一色系就可以了，避免颜色复杂，造成视觉压力；如果要着重凸显某一分区的数据，可以考虑使用差异较大的对比色，或者同一色系中的深色；如果还想对饼图的某一分区里的数据进行细分的话，就可以使用略微复杂的子母饼图。

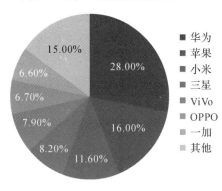

同色系饼图

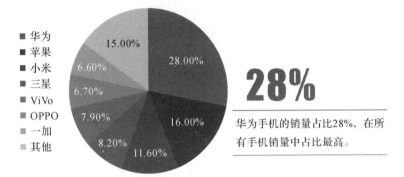

对比色饼图

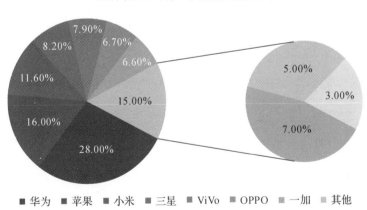

子母饼图

二、条形图和柱状图

它们通常反映的是同一维度的多组数据对比,分别为横向呈现和纵向呈现。我们可以通过条形和柱形的长度,清晰地看到各组数据的情况。但是如果遇到数据很多的情况,建议用颜色突出关键部分的数据,这样可以让观众一目了然。

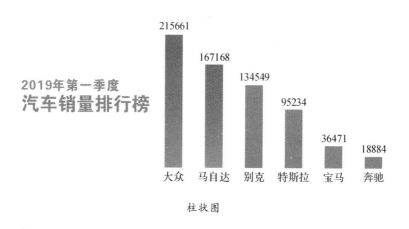

柱状图

三、折线图

如果我们要反映一组数据的趋势变化,建议选择折线图,但是在制作时要注意不要放太多的线条,尽量控制在四条以内,而且颜色上也要加以区分。

除了以上三种常见的图表外,我们还可以用一些新的图表。

比如,当我们需要从不同维度对产品进行评价,而且要和市场上同类产品进行比较,这时候可以选用雷达图,因为它就是反映各个数据主体在不同维度上的对比。例如,对 A、B 两款球鞋进行评测,我们可以分别从鞋子的耐磨性、舒适性、透气性、减震性、保护性

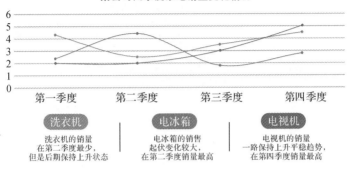

某公司四季度家电销量变化情况

注:洗衣机的线条为红色,电冰箱的线条为蓝色,电视机的线条为绿色。

五个维度去比较。在雷达图中就可以清楚地看到,A 款球鞋的耐磨性、舒适性、透气性更好,而 B 款球鞋的减震性和保护性则更为突出。

如果要表达两个数据变量之间是否存在相关性,我们就可以选用散点图。散点图是用横轴和纵轴的数据构成了多个坐标点,通过坐标点的分布情况,发现它们是否存在一定的规律,从而可以验证数据之间的相关性。比如某一产品的折扣力度和销量之间是否存在关系时,我们可以把折扣作为横轴,销量作为纵轴,把折扣和销量的数据带入其中。可以看到,这些数据构成的坐标点均匀地分布在某一直线的两侧,大致呈现一个正比的关系。

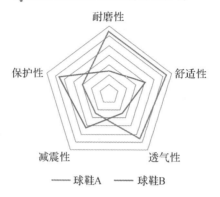

注：球鞋 A 的线条为蓝色，球鞋 B 的
线条为绿色。

需要注意的是，使用散点图一定要把结论作为图表的标题，例如"折扣与销量成正比"，因为这个图表只是辅助论证你的观点。

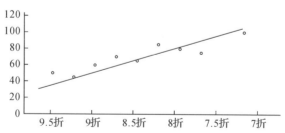

以上几种是我们在日常工作中比较常见的数据图表,但是优秀的数据图表不会只停留在基础的展示上。调用一些创意的设计手法让我们的图表更加易于接受。我有两个创意方法供参考:

第一,将数据展示与背景图相融合。

当你不需要强调数据的准确性,而是展现强调数据背后的意义,就可以通过情景强化数据带给观众的情绪共鸣。

比如,我们要呈现某一产品的销量趋势,就可以采用一张山峰图片作为背景,沿着山脊线绘制销量曲线,给人一种坚韧的攀升的感觉。这种数据呈现方式比单纯的上升曲线更加鼓舞人心。

第二,将图片与数据的主体结合。

这是一张关于香肠成分配比的数据图表,它所要表达的数据主体是组成香肠的成分,我们可以把这些成分用原料的图像呈现出来。这样,我们的数据将不再是简单的几何图形,让人一目了然,极大地缩短了观众理解的时间。

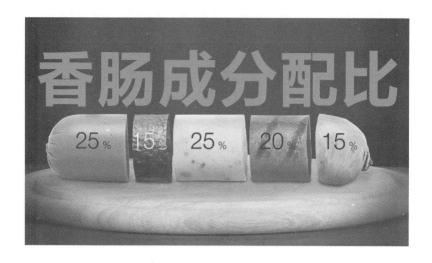

　　再比如下面这页 PPT 要展示的是不同年龄段吸烟者与不吸烟者的比例，如果用柱状图呈现时，我们会用橙色指代不吸烟的人，用灰色指代吸烟的人，看起来中规中矩。

　　为了让画面看起来更加生动，PPT 的制作者加入了一些创意，把图表里面的柱状图换成了香烟，用烟灰代表吸烟者，用尚未变成烟灰的部分代表未吸烟者，这种生动的呈现方式不仅令人震撼，还会给人以警示。

　　好的创意呈现需要知识和经验的积累，只有看得多，在制作的时候，你的脑海里才有随时可以提取的创意。在此推荐两个国内做得比较好的数据图表网站，大家可以去找找灵感。

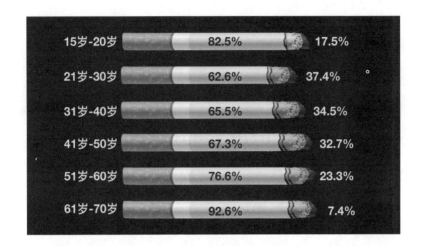

第一个是搜狐新闻的数字之道。它将复杂的国民经济报告、社会热点新闻通过可视化的手法做成了数据长图。网站的首页把这些长图以缩略图形式呈现,我们可以根据自己的第一印象选择想看的内容。整个栏目包含了 300 多期的可视化图表,内容十分接地气。

第二个是网易新闻的网易数读。网易数读与搜狐的数字之道类似,它也是倡导用数据说话,将各类报告和热点新闻做成了数据长图。优于数字之道的是,网易数读提供了栏目的划分,内容包含了我们生活的方方面面,每个栏目下也拥有更多内容。

在 PPT 中,数据的引用不仅是对内容强有力的佐证,也是观众最易读懂的信息。所以我们不仅要善于引用数据,更要准确地将数据呈现在我们的画面中,搭配灵活的创意设计,用以辅助观众的审读和理解。

认识色彩的捷径

颜色，是 PPT 中一个非常重要的角色。我们对很多 PPT 的第一印象，大多时候都基于此。一个 PPT 是稳重的，还是活泼的，想传递什么样的情绪，通常情况下都是通过颜色来控制。

但是 PPT 的颜色组合却又是最令人头疼的。很多使用 PPT 的朋友都希望有一种到几种固定配色模型，方便随时应用，但是概念配色一定不是单独存在的，颜色的选择一定要结合不同的设计目标。设计目标不一样，配色也会存在差异。举个例子，广告设计的配色理论放在室内设计上往往是行不通的。因为广告设计的目标在于传递信息，需要吸引观众，而室内设计的目标则是要营造一个舒适理想的生活环境。

对于大部分 PPT 视觉设计师来说，平时的工作内容大体会分为产品类 PPT 设计和内容类 PPT 设计两个大的方向。很多设计师需要同时负责这两块内容，于是就可能会出现将同一个配色理论用在不同地方的情况，导致一些配色问题的出现。比如，产品类 PPT 设计的配色太素，无法吸引用户的注意；而内容类PPT的配色又过于杂乱刺眼，影响用户阅读等。所以，配色的第一步，首先要明确配色目标。

当我们接到项目需求后，一定要先与需求方一同确定好设计的目标，然后以此来确定正确的配色方向，提升配色与设计方向的准确性。而这样做的另一个好处是，我们可以在项目之初就与需求方之间取得沟通和信任，达成共识，为后续沟通打好基础。

知道配色目标后再来了解一下PPT的色彩选择。在进行PPT配色前，首先要知道就算我们什么都不选，也有三个基础颜色可以直接使用，这三个不是复杂的三原色，而是黑色、白色、灰色，姑且称它们为PPT的基础色。

接下来就要为PPT找到一个主色调，也就是以什么颜色为中心对这个PPT进行设计。寻找主色调有三个方法：

第一个，根据Logo确定主色调。

所有品牌或者组织都有Logo，比如，我们给中国三峡做PPT时，主色调就选取了他们Logo上的蓝色；而给本田中国媒体大会做PPT时，主色调就选取了本田Logo的红色。

用Logo配色的好处是保险、省事，符合组织上下的主流审美，但它有一个缺点——虽然不会出错，但也不会特别出彩。如果在职场环境中，一群人都用PPT做汇报，大家全都用公司Logo色就不容易给人耳目一新、脱颖而出的感觉。

除了对Logo进行取色，我们还可以根据一场大会的主视觉VI来确定我们的主色调。比如，我们在为《梦幻西游》做品牌发布会

PPT 时,并没有选择 Logo 的主色黄色调,而是根据当时整个活动的海报、网页等元素的主视觉,选择了紫色作为这一次发布会 PPT 的主色调。

第二个方法,根据行业确定主色调。

有时候我们会遇到一个 Logo 带有很多颜色的情况,这时候用 Logo 进行取色就很难行得通了。但如果你留意观察,就会发现很多行业都有偏爱的行业色。例如家具行业、餐饮行业偏爱红色;航空航天、能源和科技行业,一般会使用蓝色;环保、医疗还有食品行业,一般会选择绿色;黑色则常出现在时尚行业……

使用恰当的行业色,能帮助观众快速地进入特定的氛围,营造更强的沉浸感。

第三个方法,根据外部环境来确定主色调。

例如发布会的场合,PPT 的放映是在比较昏暗的环境下,所以我们一般都会采用深色的背景搭配浅色文字,这样观众的视觉体验会更好。但是,如果到了日常工作汇报中,我们一般是在室内的小型会议室进行,而且室内光线会很好,这时候用浅色作为背景,我们的内容会更加清晰明了。

如果放映的场合希望凸显一种热闹、激昂的氛围,那么中国红就再适合不过了。因为蓝色显得冷静、理智,绿色则更倾向于表现一种生命力,粉色就比较少女,紫色就显得比较梦幻,黄色则会让人感到快乐,只有红色可以让人心跳加快,并营造紧迫感,所以你会经常在商品大促销、清仓活动的宣传页中看到红色为主色调的设计。

第四个方法，根据观众确定主色调。

每个不同颜色确实会对观众的心理产生客观的影响，比如红色通常会象征热情、性感，但同时它具有两面性，也会代表愤怒和暴力。橙色则是一种富有活力和温暖的颜色，常带给人亲切、坦率、开朗的感觉。黄色代表了快乐，阳光，欢乐以及温暖。绿色象征着自由和平，带给人安全感。蓝色代表了冷静，同时又带有一些灵性。紫色代表了优雅、浪漫与高贵，同时也带有一丝神秘感。白色代表着纯洁、干净和中立。而黑色的争议最多，有人认为它象征权威、高雅，同时又有人认为黑色与悲剧相连。

选择颜色的时候，我们可以根据一些前人总结下来的色彩心理去找一些方向，但同时也要对观众做一些背景的了解，毕竟颜色的背后还体现着文化、历史、心理、性格、年龄等多重特质，这就像我们平时的穿着打扮，孩子和年轻人穿着鲜艳，理性的人多穿基本色和冷色。虽然通常我们认为黄色是快乐阳光的，但是在希腊文化中，黄色却代表悲伤。我们在使用 PPT 时，往往台下坐着特定的观众群体。我们可以根据观众的地域性、行业、性别、职业等来确定主色调。

如果你的观众是年轻女性群体，紫色会是不错的选择，因为它代表了高贵和浪漫；面对领导做工作汇报时，以凸显内容和数据为主要目标，我们选择的颜色可以稍微简单和干净一些，会显得冷静和专业；但是如果面对员工做动员大会，那我们就可以选择更能激发情绪的色彩，例如红色或者其他色彩饱和度比较高的、契合主题的颜色，这样能更容易感染观众。洞察观众选择颜色，能帮助设计师传达正确的信息，甚至引导用户做出预期的行为。

　　主色一定是整个画面配色的核心颜色，也是相对占比最多的颜色。

　　找到主色以后，我们要明确一点，颜色多并不一定好。我们选择的色彩越简单，就越容易达到整体色彩的平衡。在某些场合下，我们甚至要学会舍去其他颜色，除了突出强调的物体外，其余的目之所及都是黑白灰，有时候反而可以呈现出令人震撼的效果。PPT 画面一定是以核心信息传达为主的，一切和内容无关的都可以弱化。当然，如果依然希望 PPT 的颜色稍微丰富一点，那么在找到主色调以后，可以试着寻找辅助色。但不论我们将辅助色用到标题、关键信息、形状还是线条上，辅助色的色调都要朝主色靠拢，以形成统一的风格。

　　辅助色的判断可以从两个角度去考虑：一个是**邻近色**，一个叫**对比色**。

　　例如蓝色和蓝绿色，红色和橙色，就属于一组邻近色。简单来说就是在色环上相距不超过 45°的两种颜色。

　　从逻辑上看，邻近色一般用来表示有递进关系或者有关联关系的内容。邻近色的使用，会让页面显得干净，和谐统一，而且会有层次感。

　　对比色就是在色环上相对的两种颜色。比如你在看家里的空调和热水器，它们分别用蓝色和红色表示冷暖，红色和蓝色就是一组非常典型的对比色。

　　从逻辑上看，对比色一般用来表示反差或者凸显重点内容。对比色的使用,会让页面中的重点部分一眼就被看到,帮观众快速捕捉到关键信息。

在 PPT 中,当我们选择一段文字或一个形状以后,点击颜色按钮后,选择"其他颜色",就会看到一张色谱。邻近色,就是分布在相邻位置的颜色,而对比色会处在对立的两端。

其实实际配色的过程中,并不需要那么较真,不用追求邻近色就一定要贴在一起,或者对比色一定是色谱中正对面的颜色。在色环 30°左右的范围内选择你的配色都是可以接受的。例如蓝色可以和红色成为一组对比色,蓝色也可以和橙色成为一组对比色。

学会了如何选择主色调、如何通过邻近色或者对比色表达不同的内容后,就可以进入到配色的实操阶段。

PPT 有个自带的配色神器——取色器,是一个滴管样式的图标。我们可以用取色器选取 Logo 的颜色,来设置文字、形状的边框和填充色等。总之,只要与颜色相关的操作,就都能够用取色器来进行颜色的设置。不过取色器只能吸取 PPT 页面中的颜色。

我们在为多闪 APP 制作发布会 PPT 时,需要用到多闪 APP 的 Logo 颜色,于是我们把多闪 APP 的 Logo 导入到 PPT 当中,接下来点击色块,选择绘图工具栏上方的"形状填充",选择"取色器",这个时候鼠标会变成滴管的形状,只要把滴管移到想要的颜色上面,单击左键,就会发现色块的颜色已经发生了改变。

取色器不仅能够取 Logo 的颜色,各类照片的颜色也可以进行取色。这就意味着我们看到的所有优秀的配色方案,都可以用这种方式为我所用。你可以随时随地把好看的配色截图、保存,形成一个资料库，甚至可以把你认为生活中好看的配色拍成照片，放进 PPT 里，成为配色灵感。

颜色能直观地传递感觉和情绪，但并不是要求你严格对应着某种特征或情绪。举个例子，如果提到四个季节，你会想到哪些颜色？比如春天，可能会让人想到绿色；夏天，可能会让人想到蓝色；秋天是金黄的；冬天是雪白的。但是，夏天就不能是红色的吗？神奇的是，蓝色和红色明明是一组对比色，却可以被用在同一个事物上。同样的夏天，不同的人会产生两种截然不同的感觉，我们每个人都有独特的潜意识，色彩与潜意识存在着神奇又微妙的对应关系。我们要懂得根据观众和场景的变化选择最合适的颜色。但是要希望 PPT 画面整洁颜色选择的原则一定是颜色尽可能的少，一定要有明确的主色和辅助色的区分。

快速上手的排版"8 字诀"

排版是设计中重要的一环,在处理 PPT 内容时,大段的文本怎么排,才不显得拥挤? 图文内容应该如何呈现,才会更加直观? 这是很多人都会遇到的问题。其实,这类排版问题归根结底都是想解决一个问题:如何通过排版让 PPT 的内容更加清晰明了,让观众更愿意阅读和更容易理解。

为什么很多人的 PPT 排版不好看?

第一个原因,PPT 版面的留白不够。总认为一页 PPT 就应该被文字塞满,上下左右不留一点空隙。有些人在做 PPT 时对留白的意识不强烈,认为它是可有可无的。但是在 PPT 的设计中,永远不要低估了留白的力量。无论是基于视觉冲击力,还是可读性,留白都是一种非常重要的形式。

第二个原因,没有仔细分析内容之间的层级关系,重点不明确。这个问题其实是由于前期构建 PPT 内容时,没有处理好文字的内容。既没有清单化整理观点,又没有简化内容。

第三个原因，没有形成统一的排版规则。完全按照个人喜好的感觉来排版，让观众觉得无迹可寻。

PPT 的风格应该和演讲人或产品的风格相统一。在一个 PPT 中，不能出现太多的风格，否则整体看起来会很凌乱。其实，PPT 只要确定好一个统一的风格，我们在此基础上根据内容制作几种不同排版就可以了。

PPT 排版的学问看似复杂，但绝对不是一个需要专业设计能力的事情，我们不需要去刻意学习一些空间设计或是光影结构这类的知识，甚至可以说，排版调动的其实是逻辑梳理能力，而不是软件操作的技巧。我们可以通过 PPT 的模板去学习 PPT 排版设计，但不能过度地依赖模板，因为模板是一些 PPT 设计师在不知道任何内容的情况下做出来的，它和我们想表达的内容并不能完全地匹配。一个逻辑都不匹配的模板，不仅会扰乱思考，还会影响观众对内容的理解。

设计排版有四大原则，分别是亲密、对齐、重复和对比。这是解决各种排版问题的最有效方式。这四大原则出自世界顶级的设计大师罗宾·威廉姆斯的《写给大家看的设计书》，他将复杂的设计排版浓缩成了这 8 个字，而且理解起来非常简单。

第一，亲密原则。亲密，就是把意思相关的内容排在一起，借助位置上的相互靠近。这样一来，相关的内容将会被看作是一个整体，而不是零散无关的元素。

亲密的原则可以帮助我们进行内容层级的划分，举个很形象的例子，餐厅吃饭的菜单中，所有的菜品都会按照冷菜、热菜、主食、饮料等分类。其实,这就是亲密原则在我们生活中的体现。同一层级的内容,应该更加聚合,作为一个视觉整体。

比如这一页PPT,在描述"场景流"这个概念时,分别提到了情绪流动、信息流动、数据流动和空间流动,而且每一个板块下面都用不同颜色的小字进行了举例。那么观众也会清晰地知道,情绪流动、信息流动等有哪些典型的代表性案例⋯⋯

第二,对齐原则。顾名思义,就是让两个或者两个以上的元素,按照某条有形或者无形中的参照线进行排列,给人一种有序不乱的感觉,从而达到视觉的平衡效果。

PPT中的对齐分为两种:一种是文本对齐,另一种是元素对齐。

文本对齐,指的是文本框内文字内容的对齐,一共有五种对齐方式:

1.左对齐,是指文本框内所有文字向左对齐,这是PPT最常见的对齐方式。

2.居中对齐,是指文本框内所有文字沿文本框的中轴线对齐,一般用于文字较少的情况。

3.右对齐,是指文本框内所有文字向右对齐,没有特殊情况,我们不会选择用它。

4.两端对齐,是指文本框内所有文字左右两侧都呈现对齐,最后一行文字呈现左对齐。在两行文本的展示下,我们很难发现它和左对齐的区别,如果文本内容超过两行,我比较建议选择用两端对齐的方式。

5.分散对齐,是指文本框内所有文字左右两侧都呈现对齐,最后一行文字如果没有占满一行的话,文字的间距就会变得很大,好像字与字之间添加了空格一般。

元素对齐,指的是 PPT 页面内文本框、图片、色块、线条等元素的对齐,一共有 6 种方式,分别是:左对齐、水平居中、右对齐、顶端对齐、垂直居中和底端对齐。

在选中多个元素的时候,点击工具栏上方绘图工具＞格式＞排列,就可以看到"对齐"按钮。一般来说,如果元素是呈现纵向排版的方式,我们常常选用的是左对齐、水平居中、右对齐,这个呈现方式和文本的对齐是类似的。如果元素呈现横向排版的方式,就得选择用顶端对齐、垂直居中和底端对齐。

当然,元素之间的对齐还有一个重要的注意事项,就是间距要保持一致,因此还需要用到"对齐"按钮下的"纵向分布"和"横向分布"。通过对齐原则,PPT 的排版样式可以更为有序。

第三,重复原则。前文已经提到了配色方案、设计元素、版式结构和动画动作的重复,排版也不例外。比如图文的排版要有统一的版式结构,这样 PPT 内容呈现起来不至于那么混乱。

重复,是指刻意的重复,目的是为了让画面看起来更加统一。它有两种形式:

1.页面内的版式重复。常见于并列结构的页面中。比如这一页 PPT，我们在讲述大自然的曲线运用时，用风的图片和中英文进行上下结构的排版，构成了一个单独的整体。而水、火和风属于并列的关系，所以我们统一用了上图下文的结构，让整个页面看起来更加协调一致。

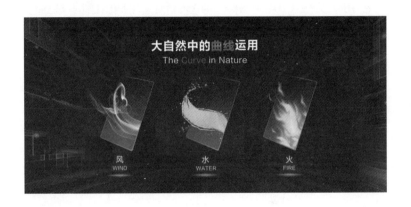

2.页面之间的版式重复。常见于前后相邻的 PPT 页面，都在讲述类似内容的结构。

在描述同类型的内容时，重复使用固定的版式来进行内容呈现，可以达到省时省力的目的。

第四，对比原则。这是最能抓住观众注意力的方法。通过营造 PPT 页面中各类元素的差异，可以让页面结构更加清晰，观众一眼就能看到重点。

对比的呈现形式非常多，比如元素位置的摆放形式、文字的字体字号和颜色等。最常用的是左右位置的对比。页面中只保留两个元素，观众可以清楚地看出左右内容之间的关系，并且自己就可以清楚地从左右的内容中得出结论——哪个更好。

使用对比的过程中，一定不要畏首畏尾，既然要制造反差，对比就要明显。比如，如果拿四号字和小四号字做对比，或者拿颜色很相近的深蓝色和浅蓝色做对比，观众不仅体会不到这种反差，反而可能觉得你设计得不够用心，连字号和颜色都忘了统一。

在 PPT 排版中，亲密、对齐、重复、对比这四个原则不是独立使用的，而是互相嵌套，你中有我、我中有你。设计是有规则、有条理的创意，希望对大家有所启发。

正确使用SmartArt图形

　　SmartArt图形是PPT里的排版利器，可以帮我们把单调的文字按照一定的逻辑，快速转换成形状和文字内容结合的版式。但是很多人的习惯操作是：在"插入"选项卡中，点击"SmartArt图形"选择一个文字逻辑关系，然后点击确定，之后再在里面输入文字。这样做是不对的。

　　正确的用法应该是：

　　第一步，对文字关系进行梳理。

　　第二步，对文字层级进行划分。将鼠标移至第二级的内容中，按下Tab键进行文字分级，以此类推，完成下面三个小段。

　　第三步，把鼠标的光标放到文本中，然后点击右键，选择转换为SmartArt图形，直接选一个跟你的文本逻辑层级相对应的SmartArt图形，这样一步就做完了，比直接复制文字内容快多了。

名为视频的 PPT 动画外挂

本书的第二章已经提到了 PPT 动画设置的两个底层逻辑：效果选择和时间设置，它可以帮助我们快速掌握触达观众和高效传播的技能。但也正是因为设置起来比较简单，很多时候，人们不满足 PPT 动画的简单效果，会去钻研各种复杂动画的组合方式，来达到更加吸引眼球的效果。其实，作为一个演示软件，我们没有必要强求 PPT 本身的动画设置一定要达到什么样的效果，找到最简单的路径来达到预期的目的即可。

提到 PPT 的动画，千万不能狭隘地认为只能是 PPT 软件自带的动画。在 PPT 中也可以插入视频来代替动画的使用，这是一个可以瞬间提升 PPT 档次的捷径。视频有以下几点作用：

一、可以当作背景，用来渲染氛围。

静态的 PPT 背景，人们已经司空见惯了，希望在平淡中能够有一些变化，所以动态的视频背景能给我们的 PPT 增加新鲜感。

例如，在 2017 年高德以活地图为主题的发布会上，主讲人讲到了"基于大数据和深度学习,实时映射现实路况的变化,同时动态优化使用体验,从而使地图服务升级",显然这听起来很复杂,怎么让这个较为专业的内容更加好记呢?高德分别从路、车和人三个层面来展现服务的多维性,把通过对多种数据的分析和轨迹的判断,使原本静态地图可以达到实时动态更新,总结为"路活";把根据日常车流及交通数据分析,提前预知交通规划,并达到车辆路线规划实施更新,使车辆的路线规划更加合理,总结为"车活";最终服务于人,带给用户更好的体验,为用户扩展了出行的方式路线规划,并利用大数据给用户做更适合目的地推荐,总结为"人活"。

原本看到这个话题时，人们可能就已经感受到内容会比较枯燥，因为讲的无非就是技术升级，所以为了防止观众因为疲劳而走神，保持观众的注意力，我们在每一章节的标题页加入了一些人为设定的转变点来改变节奏，我们在背景上添加了路、车、人的视频，令画面看起来更加生动，重新在视觉上刺激了观众的注意力。

这类背景就是动态背景，它的设置步骤为：

1. 铺好视频。先将视频铺满 PPT 画面，在视频选项的"开始"中选择"自动"，同时勾选"循环播放"的选项。

2. 叠加蒙版。在画面里用图形工具拉出一个和画面面积等大的图形，覆盖在视频上，然后右键点击"设置形状格式"，调整这一层图形的透明度。将数值调到不再干扰页面的内容就可以，建议是将透明度设置在 70%－80% 之间。

使用动态背景的素材时，还需要注意**三个原则**：

第一，尽量不要出现明确的主体。因为动态背景的目的是为了渲染氛围，所以视频符合主题就好。

第二，画面明暗变化不要过大，否则透明度再低的蒙版都遮不住视频对观众的影响。

第三，视频的尺寸与 PPT 相匹配。这往往是人们最容易忽略的问题。视频的尺寸不能小于我们的 PPT 在创建时分辨率的 1/2。一般我们工作时最常用的就是 16：9 的 PPT，它的默认像素为 1920×1080，所以在为动态背景选择视频时，像素就不要小于 960×540。一旦发现视频的分辨率已经达到 4096×2160，也就是我们今天常说的 4K,但是视频的尺寸依然没有办法满足屏幕的分辨率时,就需要将视频素材做特殊的处理了,比如可以再复制一遍视频素材,并且做一个镜像处理,来保证满足屏幕的分辨率。最后还要注意给视频进行消音处理。

二、流程演示,辅助观众理解 PPT 内容。

这个对于做产品设计的朋友是一个很好的建议。很多时候我们做一个软件功能的演示,要么将一张一张步骤图贴在 PPT 里,要么为了可以看起来很流畅,就用 PPT 的动画将步骤一步一步地连接起来演示。但是设置这种动画常常比较复杂,我一直提倡 PPT 带给人们最大的价值就是高效,所以如果直接将演示的内容录屏,并且导出一条视频,再配合 PPT 的简单动画,就可以清楚地演示流程,而且制作起来也会更加简单。但是这里我们会遇到一个问题:我们导出的通常是一整条视频,而我们的演示却是分步骤的。如何让视频播放与演示相匹配呢?

1. 将视频进行拆分。视频在 PPT 里是可以被剪辑的,我们用 PPT 就可以给视频分段。将视频插入 PPT 中,然后将导入的视频进行复制,演示有多少步,就要复制多少个视频。复制完成后,点击其中一个,在工具栏上方的视频工具>播放一栏中看到"裁剪视频"按钮,点击就可以进行视频的剪辑了。为了一会将演示的流程无缝连接上,一定要记住刚刚剪好的视频最后结束的时间点,将前一条视频结束的时间点输入到下一条视频的开始时间点上,以此类推,每一条视频的开始都和上一条视频的结尾时间点是一样的。然后,把这些视频叠在一起,按照操作步骤的最后一步在最上层的顺序以此类推，最底层就是操作的第一个步骤的视频。

2.给这些视频增加出现效果。其实效果的选择非常简单，只要选择"直接出现"就可以了。

3.按照自己演示的习惯，设置视频的出现形式。如果你是一步一步地为观众演示操作，那么直接在每一条视频的出现计时选项中选择"单击时开始"；如果你在演示时希望它可以自动播放这个视频，就可以选择"之后开始"。

三、帮助观众进行复杂信息的转化。

很多时候，PPT 中的视频不仅增加了视觉冲击力，还可以把复杂信息转化成为更为直观的信息，传递给你的观众。

很多人都会在工作中遇到一些对全球市场进行分析的内容，通常我们会选择一张地图，然后直接在地图上标注点位，观众一边听你讲，一边要在地图上找对应的位置。这个时候，如果你有一个地球旋转的视频，讲到哪一部分就将地球转到对应的位置，立刻就帮观众缩小了定位的范围，简化了信息的传递。

其实 PPT 结合视频能创造出来很多有意思的脑洞。最后推荐几个视频素材的网站，以便于你在工作中快速找到合适的素材。

一、VJshi

地址：https://www.vjshi.com/

这是一个分类详细的素材网站，支持中文搜索，我们只需要在搜索栏里面输入自己想要的关键词信息，就可以轻松找到大量的视频素材。

二、NewCGer

地址：https：//www. newcger. com/

这是一个特效类视频网站，我们可以在网站上找到除了普通视频素材以外的其他 AE 特效视频。

三、站酷海洛

地址：https：//www. hellorf. com/video

站酷海洛，是一个汇集全球优质视频的素材网站，它唯一的缺点可能就是需要付费购买里面的内容，但是它的所有内容是可以商用的。

四、Dreamstime

这是一个国外的视频素材网站，里面的视频素材都是免费的，质量也很好，平时我们的工作中可以从上面找一些素材来用，但是不建议商用，因为很多视频是没有版权的。

别让屏幕限制了想象力

观察 PPT 软件我们可以发现，PPT 的主要功能板块分为工具栏、缩略图和内容编辑区域。

工具栏，PPT 的各种操作按钮都在上面，我们可以在各个功能板块间进行切换，选择自己想要操作的按钮。

缩略图，我们做好的每一页 PPT，都会在缩略图区域进行显示，便于制作者知道自己的进度。

内容编辑区域，是整个 PPT 操作页面的核心。在这个区域里，我们可以对文字、图片、图形、色块等元素进行排版设计。在播放状态下，这也是观众们能够看到的画面。

那么，在内容编辑区域外部，大家会放什么东西呢？

很多人为了让整个 PPT 界面看起来干净、整洁，不会在编辑区外进行设计。但是也有很多不拘小节的朋友，因为贪图方便，会将很多替换下来的元素直接挪到这个区域，反正在播放的时候也不被显示。无论怎样，内容编辑区的外部都被认为是不重要的。但是，

在我看来,这恰恰是突破我们PPT页面边界的创意点。

比如,吴晓波老师2017年的年终秀演讲的主题是"激荡40年",其中有一段内容是讲述中国经济变革的四大动力。现场是一个超宽显示屏,所以PPT的页面也是一个细长的矩形。为了配合演讲的内容,我们选择了一张大海的图片作为PPT的背景。为了让观众透过海面去感受时代的激荡,我们只显示了图片中海面的部分,也就是将图片的下半部分放在了内容编辑区,上半部分的天空则是放在了观众看不见的非编辑区内。

当话题转向中国经济变革时,由于这是一个对过往历史的回顾,继续用大海的背景就不太合适了,反而是天空可以给人一种回忆的感觉。于是,我们添加了一个平滑的切换效果,将原先在非编辑区的天空显示了出来,这样不仅贴合了主题,还使PPT的页面有了连贯性。

PPT 内容编辑区外的空间存在很大的可拓展性。我的好友刘哲涛通过突破 PPT 原有的边框，在刘润老师的毕业大课上做了一个突破边界的抖音风 PPT。他仅仅用了一个页面就呈现了原来刘润老师两年 260 讲的内容。在这页 PPT 中，所有看到的元素并没有真正地消失，而是通过旋转、移动等动画，从内容编辑区域移到了非编辑区域，而观众即将看到的元素则是一早就被放在了非编辑区内，等待显现。

通过动画和非编辑区的配合，一页 PPT 拥有了视频的即视感。

内容编辑区外部还具有很强的实用功能：

1. 可以设置"钉子"，固定内容编辑区。这里指的"钉子"是用来固定页面的四个圆形（当然你也换成自己喜欢的形状）。

我们在处理 PPT 页面角落位置的设计元素时，常常会把这个内容编辑区放大处理，放大以为这需要滚动鼠标，这就造成了经常跳页的现象。为了解决这个问题，我们可以先将 PPT 内容编辑区尽可

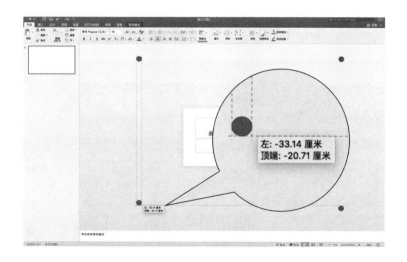

能地缩小,然后在编辑区外部的四个顶点位置,分别插入四个圆形,作为钉子来固定内容编辑区。这样,我们在处理页面角落细节时,即便滚动鼠标也不会发生跳页了。

2. 可以作为取色盘。比如在内容编辑区外部添加三个圆,分别填充上红色、黑色和灰色,将其作为整个 PPT 的取色方案。接下来的每个页面,都可以使用这几个配色,而不用一页页地重新取色了。

打破 PPT 画面边界的另一个方法是做演示屏幕的异形设计。我们可以看到几乎每一场发布会,演讲人背后的屏幕都是四四方方的,其实在每一次活动的筹备过程中,我们就对这种屏幕视觉疲劳了。并且不光我们,我们长期服务的客户也有不少早已看腻这种方正的屏幕,但是由于场地、费用以及国内技术的限制,在舞美上确实很难有更好的突破,于是他们常常会向我抱怨:这一次的内容在视觉上可不可以有一些突破?

我们也因此苦恼了好一阵,如何才能突破常规的视觉呢？最后我们意识到,很多时候我们被困住的原因,是因为事物本身的边界太过清晰,令我们的思维也就只能局限于此。

于是,在 2018 年网易《梦幻西游》发布会上,我们使用了一个新颖的屏幕——L 型屏幕,将舞台地面和 LED 屏幕串联起来。其实这个 L 屏的设置方法非常简单,我们只是将 PPT 的页面比例设置成了竖版。

这只是演示屏幕异形设计的一种,我们还可以在各种发布会上看到环形屏幕、曲面屏幕等,其实这些屏幕的本质还是属于横向的超宽屏,我们可以在 PPT 的"幻灯片大小"中通过调整页面的长宽来进行设置。

还有一种异形屏是属于拼接屏幕，即使用多块屏幕拼接成了一个完整的大屏，而且每一块 PPT 的屏幕作用各不相同，有的作为主屏，有的则是作为侧屏和地屏，它可以将整个发布会场地包围起来。

以上的 L 屏、环形／曲面屏、拼接屏，本质上是对 PPT 页面比例的调整，这个还仅仅停留在页面的角度上。我们还可以通过一些页面元素的设计，去营造一些立体感的效果。

比如，我们在《@所有人》节目中为马东老师做了《鄙视链有多少种?》那一期的 PPT。我们将页面想象成为一个黑色的空间，通过地平线无限延伸至黑暗中，同时按照地面的角度，将电视机错落地放在不同的位置，并将重要的信息文字同电视机一同摆放在地面上。

这样打破了 PPT 原本二维呈现的方式，增加了画面的纵深感，给观众带来了更多的想象空间。

鄙视链有多少种？

　　在我看来，如果希望自己的 PPT 更有价值，就不要把自己当作一个 PPT 设计师，因为复杂的页面设计和动画，每一个平面设计师和特效师都可以做到，甚至可以比我们做得更好。我们首先要做好的是一个优秀的策划师，一个具有创意能力，同时还会统筹的人，比需求方更加敏锐地察觉到观众对 PPT 的期待，然后可以快速地将内容场景化，拉近与观众的认知差距。基于此的设计打磨，才是让 PPT 成为佳作的最短路径。

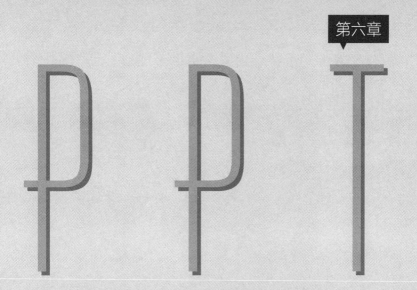

第六章

PPT

经典场景PPT的思维套路

每个PPT都是该场景下的独特作品，是整合调用五大思维后的最终产出。话虽如此，同一类型的PPT制作思路还是有迹可循的。本章将总结如何合理调用五大思维，条理明晰地制作生活中经典实用的场景PPT。

融资路演 PPT 套路

2019 年春节前夕,新东方年会的一首歌火了,说的是:辛苦干活却比不过做 PPT 的。心酸之余,也从侧面说明只要用好 PPT,它会带来意想不到的回报。在融资路演这种直接和资本打交道的领域更是如此。在投资人看来,如果你连一个 PPT 都准备不好,如何让人相信你有能力、有资源做好接下来的创业项目呢?毫不夸张地说,一份好的 PPT 体现了你的品味,承载了你的态度,能让你在台上更加自信。

我们在做融资 PPT 的时候,需要持续思考这样一个问题并尝试展现出来——我跟别人到底有什么不一样?

在正式制作之前,首先要明确做这个 PPT 的目的——是为了与投资人建立关系,激发他们对你的兴趣,最终拿到融资。所以,不用一步到位、面面俱到,将能承载商业计划书的全部内容都体现在 PPT 上,融资 PPT 的内容应该包含以下几点:我是谁? 做什么? 为什么做? 谁来做? 为什么现在做? 投什么钱? 回报如何?

那么根据以上几点,我将借助融资路演 PPT 中最经典的案例——黄太吉①融资 PPT，梳理出一个比较通用的融资路演模板。

第一部分：项目名称＋一句话的概括，让投资人一下认识你。
很多创业者的 PPT 往往一开始将项目的前景分析得头头是道，投资人稀里糊涂地听了半天，却都不知道这个项目的名称是什么。

例如小米电视自我设定的一句话概括就是"打造年轻人的第一台电视"，清晰地描绘了产品的定位。而当年黄太吉外卖在融资时，给自己的一句话概括就是"美味来得快，黄太吉外卖"。既预示了内容，让投资人一下明白这个项目是餐饮平台的项目，还体现了项目特点——快。

第二部分：提出问题，找到痛点。模拟用户情景，找到目前哪些问题没有被解决或是可以被优化。

在黄太吉融资 PPT 中，它总结了自己早期在餐饮行业发展过程

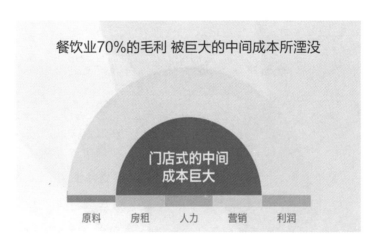

———————————

① 2012 年成立的中式快餐食品公司，总部位于中国北京。

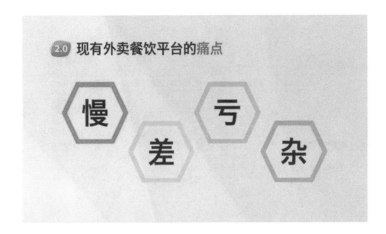

中遇到的餐饮业的毛利与成本之间的问题，以及 2.0 时代下现有外卖餐饮平台的痛点。

第三部分：解决问题。 简洁明了地说出你的项目能够解决哪些问题，以及怎么解决。

黄太吉为了凸显外卖平台在 3.0 时代可以解决 2.0 时代"慢差

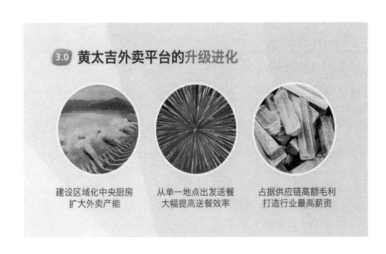

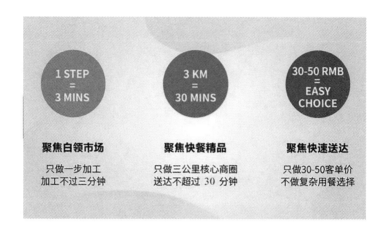

"亏杂"的问题,在 PPT 中列举了几大措施,着重强调平台升级的进化。这样一来,解决问题的方式就变得非常明确了。

第四部分:市场分析。要通过市场分析和竞品分析让投资人对投资你的行业有信心。

在黄太吉融资报告中,它分析了现有外卖平台的市场运作模式,指出他们依然在解决餐厅存量市场而非增量市场,而黄太吉平台则通过自建外卖派送团队,自建中央厨房,去掉了中间环节,把产品和消费者直接连接起来。

第五部分:产品优势。要说出你的项目优于别人的地方。换句话说,你要有别人无法逾越的壁垒优势,这是要让投资人对你的项目有信心。

在黄太吉案例中,它利用多页展示了产品优势,不仅对比了自己开餐厅和黄太吉外卖平台的利润,还提出了它的平台优势:它不仅有自营品牌,还有第三方品牌;它不仅有外卖人员体系,也提供门店营销服务体系等。

　　第六部分:财务规划。不要空谈几年赚几个亿的小目标,投资人见过的项目可能比你写的 PPT 还要多,写这些没有意义的数字,不如谈谈融资的钱你准备花在哪儿来得实际。

　　在黄太吉案例中,它把融资 2 亿的去向做了一个规划,从品牌营销到产能中心 5 项占比,分别做了说明。

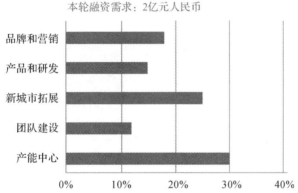

　　第七部分:团队介绍。要记住,投资人投资的是你的人,而非项目。尤其是初次融资的项目,人的可靠更为重要,在投资人不了解你的情况下,有必要完善你的团队履历。但如果是一个比较成熟的项目,例如黄太吉,那在团队介绍方面不必做过多的篇幅去呈现。

　　以上 7 个部分并不是一概而论的套路,初创企业和准备二次、三次融资的企业情况不同,我们也需要根据自身情况去进行调整。

　　解决好了融资路演 PPT 的内容问题,我们还需要做的是保持

PPT 页面美观整洁，通过 PPT 设计思维的知识，让页面更加美观，让投资人愿意看；在路演的表述上，我们可以使用传播思维的类比方法，让投资人能理解我们所讲的内容，也便于他向别人转述我们的项目。

最后，我们还可以用 PPT 强化与投资人的情感连接，与其产生情感上的共鸣，例如制造情怀。但是讲情怀也要注意场合，不能刻意牵强，更不能自嗨。

互联网金融 PPT 套路

互联网金融 PPT 与其他 PPT 相比,不同之处在于:所有金融类 PPT 呈现出来的内容一般会更克制、理性,甚至冷淡一些。

严格说来,互联网金融还是所属金融范围内。金融类 PPT 听起来总是给我们档次很高的感觉,可如果真的看一下金融公司内部用的 PPT,脑海中高大上的感觉可能瞬间就幻灭了。金融公司内部的 PPT 一般会把文字铺满页面,很多研究报告 PPT 还约定俗成地使用楷体或者宋体,除了封面、封底,几乎没有图片,经常穿插各种图表。

我有一个好朋友在证券公司工作了将近 10 年,他曾希望我们能"拯救"他们公司的 PPT。我给他的建议很稳妥,甚至很保守,就是:不要轻易地改变一个行业的 PPT 风格。

众所周知,金融是与钱打交道的,一旦涉及金钱层面的决策,美观必定要让步于严谨和逻辑性。比如一份金融证券公司的研究报告,一般人阅读这样一页内容,只看标题和结论就足够了,页面里

95％的内容，绝大多数读者会选择跳过。如果你把它做成 PPT，删掉了这些你认为大多数观众不会看的文字，只保留了标题，会有什么影响呢？

如果是非专业领域的观众，看到后或许不会说什么，但是如果给专业的人士看，那么他们会本能地认为这不可信，因为他们认为在真金白银的决策面前，这些信息我可以不看，但是你不能不写。

所以，金融 PPT 内容是繁是简，取决于观众群体。

面对**专业的观众**，我们应该遵循他们原有的思维模式。

我曾经为京东 ABS 资产证券化云平台的发布会做过 PPT，那是一场专业性非常强的发布会，台下观众都是金融证券领域的从业者。这类 PPT 和页面简单整洁的 PPT 不太一样，它更像是 Word 延伸出来的阅读刊物。台下观众长期在金融证券领域工作，已经习惯地将 PPT 当成 Word 去阅读，并且这种习惯成了行业内 PPT 的规范，所以我们应该遵从他们的思维模式来调整 PPT 的呈现方式。在制作这类 PPT 的时候，我们要坚持两个原则：

第一，尽可能完整地保留辅助信息。

为了信息客观可信，我们要容忍大段辅助性文字或者复杂图表。

比如这一页 PPT 中，我们列举了京东资产证券化服务平台上的部分专项计划交易，这些交易的设立日、法定到期日以及付息频率等 10 项信息都非常详细地放到了 PPT 上。

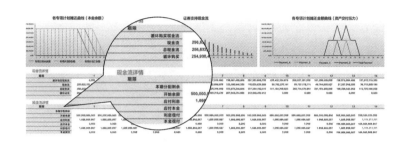

第二，所有信息都应该指向某个结论或行为。

互联网金融 PPT 的制作方向是指向结论或行为，指向得越明确，越会传递出专业、严谨的特性。具体的操作方式是：

1. 把标题改成某种行为。

比如中信证券描述行业的投资分析报告中，其中一页的原标题是"泛音乐时代来临，IP 产业下一爆发点"，显然就不如"IP 产业即将爆发，泛音乐领域值得关注"，后者的优势在于它对于行为的指向性更强。

2. 表格或者图表的标题尽量使用结论，而非名词。

有时候，我们会在金融类 PPT 里看到图表的标题是盈利预测或是销售额，这其实是比较业余的一种做法，更好的做法是把这个图表所展现的结论直接作为标题。

比如：预计盈利水平远超同行业水准、盈利预测调高 15％、本季度销售额大幅增长、销售额创历史新高……这些标题会让观众带入结论，去审视表格和数据，千万别让他们猜，要直截了当地把结论告诉他们。类似的方法还有强调关键结论相关的数据图、标识关键数据等。

3. 斟酌风险的描述方式。

金融类的话题永远不能忽略的就是风险，对于一份研究报告来说，大多数情况下我们看到的都是比较含糊的描述。我个人会特别关注一家公司或一个分析师对于风险的描述方式。在我看来，他们对于风险的看法，可以很好的体现他们的专业水平。对于风险的描述，越有行为的指向性，越会增强我对他的信任感。

举个例子，如果把"版权政策推进不力"改成"密切关注版权相关制度法规的建设情况，如有进展可考虑增加仓位"，给人的感觉就会更加专业。

那么，在面对**非专业人士**，也就是普通观众，又该如何制作互联网金融的 PPT 呢？

我接触过的面向普通观众的互联网金融 PPT，大部分是新的金融产品发布，这类 PPT 一般会按这三步走：

第一步，介绍公司强大的实力背景。

面对金融产品，普通人最关心的问题是：我的钱能不能够得到保障，这个平台安不安全。观众真正想知道的是你这家公司到底靠不靠谱，能不能为他们创造价值。所以，这里我们需要对公司进行简单介绍，最大程度减少观众们的顾虑。

比如在京东金融在其消费金融战略发布会上，专门有一页记录了京东消费金融的发展大事记，并且标注了这些大事记分别属于产品、风控和场景的领域，说明了京东金融是一家实力较强的企业，在观众心中树立起了强大的品牌形象。

第二步,介绍公司新推出的金融产品。

有了公司信用的背书,接下来就是产品。观众会想知道,我可以通过你的产品做什么？获取哪些收益？

第三步,抓住和产品相关的用户人群。

推特的创始人杰克·多西曾说:"产品的成功从来不是靠技术的领先,而是人性的胜利。"所以在 PPT 页面中,我们要围绕台下观众和产品的用户去共情。

比如,使用白条的大部分人都是奋斗的青年人,也就是泛 90 后,所以我们在 PPT 上列举了他们从事的各个行业,让台下的观众感觉到了这个产品和自己息息相关,无形之中拉近了产品和观众的距离。

在最后,我们还放上了白条用户的真实照片,配上了一句深情的告白,渲染了现场的氛围——陪伴是最长情的告白。

总而言之,互联网金融 PPT 需要先分清这份 PPT 的观众是专业领域的人,还是非专业领域的人,两者的不同决定了内容的呈现方式。

对于专业领域的人来看的 PPT,需要更加"Word 化"一点,尽可能完整地保留辅助信息。不仅如此,PPT 中的所有信息都应该指向某个结论或者行为。对于非专业领域的人来说,看到互联网金融 PPT 更多是在金融产品的发布会,内容一定要抓住和产品相关的用户群。

汇报类 PPT 套路

在职场中,我相信大部分人一听到要做工作汇报 PPT,第一时间想到的是打开百度,然后搜索"工作汇报 PPT 模板",接着对照 PPT 模板的内容,在上面填充自己的内容,最后完成了一份自认为还不错的工作汇报 PPT。这样的案例,在我身边并不少见。

但是,真正优秀的工作汇报 PPT,绝对不是套用 PPT 模板。关系思维章节中也一直强调,所有的沟通都应该围绕观众来展开,我们的工作汇报是面向我们的领导,所以在制作工作汇报 PPT 时不能陷入自嗨的误区,一定要明确领导想要在我们的工作汇报中听到什么。

不过,在实际工作中,虽然领导的预期千差万别,但是总体说来还是有迹可循的。如果是做个人的工作汇报,一般是个人季度总结或是年终总结,领导想听到的是你的工作成果以及经验总结;如果是为团队进行项目汇报,领导更想听到的是项目进展和成果。

关于**个人的工作汇报**,一般的结构是:

第一步,回顾工作内容。

在通常情况下,我们会在工作汇报 PPT 中回顾自己完成了哪些工作、取得了什么样的成绩、是否完成了业绩的指标……但是,这样的 PPT 就非常普通。一个好的工作汇报 PPT,不仅要在 PPT 中呈现我们已经完成的工作及成绩,也需要简要呈现未完成的工作和目前的进度。这样会让领导很全面地看到你的工作内容,而不仅仅只是成绩。优秀的员工还会用到具体的数据来呈现自己完成和未完成的工作。

第二步,讲述经验总结。

大多数人在表述工作经验时都很自我,滔滔不绝地总结自己的观点和看法,而一个好的工作汇报 PPT 应该是既有自己的工作经验,还要有通用性,即对他人有借鉴和学习的意义。当你分享了自己的经验,也呈现了可复制性和学习的价值,就能给领导留下一个乐于分享的印象,同时也能在同事中树立起友好且专业的形象。

举个例子,你策划了一场高曝光度的直播活动,创造性地提出了多平台联合直播的方案,最终实现了观看人次达到 1000 万的传播量。在总结经验时,你就可以在 PPT 上侧重凸显这一点,分析这些平台的优劣势和达到的效果,建议其他同事在下次做直播的时候,也可以根据自己的需求选择合适的直播平台进行投放。

第三步,分析问题。

很多人以为做到以上两步就算完成工作汇报了,但是想要做好工作汇报的 PPT,还需要举例自己在实际工作中遇到了什么样的困难,并且是如何解决的。这可以让领导看到你解决问题的能力,而且表述问题时一定要客观诚恳。在进行问题分析的时候,可以用到 SCQA 结构模型,即先描述情景,然后呈现冲突,接着提出疑问,最后加以回答。

例如在这场直播中,你为了增加 APP 的下载量,特地安排了一个裂变活动,然而通过后台数据的对比发现,这个裂变活动并没有达到预期,APP 的下载量很少。为此,你需要在 PPT 中呈现导致这个问题的关键原因,例如活动期间资源位紧缺、种子用户曝光不足等。让领导看到你不仅能发现问题,还会分析问题并及时进行反思。分析完问题后,还要补充在之后的直播中会进行哪些优化,在 PPT 中列举一些具体的解决方案。

第四步,阶段计划。

回顾了工作内容,总结了经验,又分析完问题后,领导已经对你上阶段的工作有了清晰的了解,接下来还要让他看见你下阶段的工作计划,让领导知道你不仅是一个能做事、会思考、有能力的员工,也是一个有规划、对自己有要求而且上进的好员工。这一部分除了在 PPT 上列举未来的工作安排,还要简单描述一下你想要达成的目标,也就是自我设定一个小的 KPI,总是一定是可预见的目标,同时询问领导的意见,让他给你的目标提一些建议。

如果是团队内部的项目汇报,除了个人的部分,PPT 中还要指出可能需要公司其他职能部门或是公司同事配合的部分。团队内部的项目汇报还有一个重要的功能就是——沟通,让同事及领导提前知晓并备注好接下来需要对接的工作。项目汇报的 PPT 不是一次总结性的汇报,常常会根据项目的进度,汇报不同内容。针对项目申报、启动、中期和总结,我整理了四种不同的汇报套路。

在项目**申报阶段**,我们可以使用颠覆式的套路,这是对市场环境初步了解后的工作汇报。

首先,讲述对项目和项目环境的初步判断;

其次,阐述在初步市场调研中发现的突破口;

最后,再引出想要申报的项目。

例如,你是一家旅游公司的员工,要向领导申报一个面向海外市场的旅游项目。你在汇报时就可以先告知领导你对这个项目的初步评估,比如在调研中发现越来越多的外国游客喜欢来中国旅游,并用具体的数据来支持你的看法。

接下来,就要指出这个项目的突破口。比如,梳理出外国人来中国旅游最常去的地方,发现他们喜欢一些极具文化特色的城市,尤其对中国的民族文化感兴趣。在对比了几大热门旅游城市的优缺点后,你就可以提出你要申报的项目——针对外国游客的云南旅游产品。因为云南少数民族众多、文化特色明显,符合外国游客的预期,而且云南的旅游业已经比较成熟,住宿、餐饮大都与国际接轨。另外,昆明还是国内名列前茅的国际航空港,近几年的高铁线路也是基本覆盖了主要城市,交通上也加分不少……你需要在 PPT 上呈现出这些关键信息,由此增强立项的说服力。当然,提报方案阶段最关键的是一定要做好投入成本和营收情况的合理预估,这是是否立项成功的核心问题。

在项目**启动阶段**,我们可以使用归纳式的套路,这是对市场充分了解后，准备执行实施项目的工作汇报。

首先，要深入分析目前的市场环境；

其次，归纳已有项目资源；

最后，列举项目进度安排。

例如，你现在要汇报这个云南旅游产品项目的启动工作，在此之前，你需要对市场进行进一步的调研，并在 PPT 中详细地列举一些数据，包括云南少数民族的分布情况、旅游资源的分布情况、住宿和餐饮的条件、具体交通线路等。这样才能让领导清楚地了解项目，并愿意为你的项目投入更多的支持。

接下来，你需要在 PPT 中列举公司现有的资源，包括团队、资金、合作方等，让领导对具体实施时会产生的成本有一定的概念，也对项目的发展有一定的预期。当然，也可以补充说明你还需要哪些支持，让领导可以提前做好协调工作，以保证项目顺利进行。

最后，要在 PPT 上展现项目具体的工作安排和排期，包括要开发哪些线路、具体提供哪些服务、还需要对接哪些合作等，让领导看到你的统筹能力。之后一定要征询领导的意见，这既是显示了对他的重视，也让他有参与感。

在项目**中期阶段**，我们可以使用聚焦式的套路，这一阶段主要是向领导汇报项目中遇到的问题的解决方案，因此要着重体现你的思考过程。

首先，汇报项目整体的进度，可以从资金的投入、现阶段营收、工作节奏、团队规划等几个维度进行汇报；

其次，汇报你在这些工作中遇到的问题；

然后,针对问题给出多个解决方案,并分析利弊,因为领导喜欢做选择题;

下一步,从这些解决方案中选出自己更青睐的一个,说明原因;让领导知道你不仅有方案,还能独立思考,而不是等着领导给你答案;

最后,询问领导的意见,让他最终拍板。

在汇报云南旅游产品的中期进展时,你需要先在 PPT 上用数据呈现这个项目的整体进度和取得的进展,包括已开发和待开发的旅游线路、资金的使用情况、人员的配比、每条线路现阶段的营收等。接下来,需要列举工作中遇到的问题,简单阐述解决方案,但对于需要领导拍板解决的问题,就需要重点拎出来介绍。提出问题后,你还要列举几个针对性对的解决方案。接着,可以从几个维度一一说明每个方案的优劣势。把每一个方案都介绍完后,还要表明自己的立场——你更倾向于哪一个方案,这样领导就知道了你的判断,也会综合考虑你的意见,根据实际情况再给出自己的看法。

在项目**总结阶段**,我们可以使用复盘式的套路,这个套路一般用于对项目的总结回顾。我们按照个人工作汇报的四步套路:工作回顾—经验总结—分析问题—下阶段计划,就可以了。不过,这里要注意的是,我们除了将汇报人从个人变成团队,还需要注意的是在汇报过程中,不要过于强调个人的功过,因为整个项目是团队的功劳。

面对工作汇报 PPT,我们不能被 PPT 模板限制了思路,而是要根据我们的汇报对象去整理汇报内容。甚至认清阶段,根据阶段性不同而采用不同套路汇报。

产品发布 PPT 套路

在过去的两年里，我带领 MassNote 团队做过很多产品发布会的 PPT，见证了一个个产品从不为人知到深入人心。对于普通个体来说，产品发布会听起来好像比较遥远，但其实我们在日常工作中也需要有发布会思维。因为 PPT 演示最原始的场景就是发布会。

做产品发布会 PPT 的时候，我们常常会根据发布会的工作进度，将 PPT 的制作分为三个阶段。

第一阶段，确定发布会的基调。

基调主要包含两方面内容，观众的人群和产品的设定。

现在的产品发布会越来越多，但是观众记忆深刻的却寥寥无几。在我看来，大多数发布会不成功的一大原因是没有站在观众的立场思考，没有想明白观众希望在发布会上收获什么。**用户、媒体和合作伙伴，**这三类观众的关注点各不相同：媒体在一场发布会上是在寻找传播点；合作伙伴更加重视合作模式和权益；用户最为忠诚，但是也是最苛刻的，因为只有他们会关注产品的每一个细节，但是又会严厉地指出不足。

为了尽可能面面俱到，我们最好按照观众的比例来调整内容的划分。

比如，你现在要做一场手机产品的发布会，观众 80％都是你的用户，10％是媒体朋友，剩余 10％是手机软硬件的合作伙伴。所以，你在确定 PPT 内容的时候，应该主要围绕你的用户，尽可能在产品发布会 PPT 上呈现他们想要看到的东西。比如手机的工业设计、硬件配置、软件体验、售价等。对于媒体，他们更想看到这款产品的传播点；对于合作品牌，他们更想看到的是双方的合作模式以及品牌曝光。你对观众需求把握得越详细，你的内容就传达得越准确。

仅仅知道观众的需求是不够的，我们还需要让观众去接受我们的产品，这就需要让我们的产品拥有一个形象。在做 PPT 前，我们要先确立这次发布会产品的风格，推荐几个参考方向：

1. 企业创始人的个人风格，适用于创始人名气很大的情况；

2. 企业的文化风格，当一些创始人比较鲜为人知的时候，就要用清晰的企业文化去吸引观众；

3. 根据企业的发展阶段为产品塑造形象，这个就不用受限于企业或者其创始人的名气。

如果是初创时期的产品发布会，目的是让观众先记住你的公司或是记住你这个人。因为只有了解了公司，才会产生信任，从而才会购买产品，这也是为什么很多公司在初创时都愿意讲初心，这就是在为产品树立形象。

例如，锤子科技在创立初期就不以市场潮流为导向，坚持对产品精雕细琢、自主创新，树立了一个极具工匠精神的品牌形象。

如果企业达到了一定规模，这时期的产品发布会一般都会强调产品特点的传播。

比如，有一定规模后的小米，在发布会中就不再过多地提及初心内容，而是更加强调产品的性价比和品质。"国产手机一哥"华为的产品发布会上，因为已经奠定了很好的用户基础，现在主打自主研发的科技。

如果是处于跨维度、跨产业的时期，一般发布会的预期则侧重于未来战略发展的输出，希望观众记住公司的宏观规划。

比如，之前小米做手机，后来又做了智能家居产品，它的发布会预期就不只是让观众记住它发布了哪些家居产品，而是更希望观众记住它要展开一个智能的生态链，为了迎接物联网的到来。

在 PPT 上呈现一个深入人心的风格形象，能帮助品牌快速吸引目标客户，并让用户产生"你懂我"的感觉。

第二阶段，构思 PPT 的内容。

一般情况下，产品发布会上常见的产品无非这三种：颠覆型的产品、改良型的产品和普遍型的产品。

从产品发布会内容的切入上，我们一般会按照"**颠覆型产品先看全貌，改良型产品直击场景，普遍型产品服务于人**"的原则。

颠覆型产品以特斯拉为例。2015 年特斯拉 Model X 发布的时候，埃隆·马斯克选择了在发布会的一开始，就将 Model X 的真车开上舞台，展现给大家。

改良型产品的发布会，适合从场景和痛点引入话题。比如，小米在发布小米笔记本的时候,先做了用户调研,发现用户对电脑的需求是既要轻便又要高性能,小米就决定要让两者得以兼顾,因此发布了一款高性能的轻薄本。

如果是普遍型产品的发布会,就不能只侧重于产品,而要放大独特的服务模式。比如,Keep 的发布会上发布了 Keep K1 跑步机,通过链接 KeepApp,K1 设计了数十种个性化燃脂的课程,覆盖了运动小白直至运动达人的全年龄段用户,真正实现了满足所有家庭成员的跑步需求,真正成了用户身边的"智能跑步教练"。

产品发布会和其他 PPT 演示不同的另一大要点是,要让观众能在后期进行分享,需要我们着重去设置内容的传播点。一般的 PPT 演示可能只要讲清楚结论就好,可一场产品发布会的 PPT,光讲清楚结论是不够的,我们希望观众有后续行为,所以需要在内容上设置传播点,给观众一个行为暗示。

第三阶段,对产品发布会 PPT 进行视觉设计。

在做设计之前,我们一定要先了解发布会的场地。不要觉得场地只跟 PPT 尺寸有关,场地大小、封闭与否都会直接影响发布会的效果。例如我们会根据现场屏幕的比例,将文字在水平中线或是高于中线的位置呈现,避免后期传播的照片中演讲人将关键信息挡住,导致网友断章取义。

确定完场地后,我们就可以根据现场屏幕的比例去设置 PPT 页面的大小,同时可以根据观众的需求和产品的风格形象确定 PPT 的设计风格,包括字体、配色、图片以及其他设计素材。在此过程中,我们需要保证的是 PPT 的整体风格必须统一。比如科技产品发布会的基本风格是每一页都是深色的背景加上简单的文字内容。

　　总结而言，发布最重要的就是，确认观众画像和产品的风格形象；在内容构思上，尽量跳出固有产品的思维，根据颠覆型产品、改良型产品和普遍型产品去设置内容的切入方式以及传播点；最后，才是对产品发布会 PPT 的视觉设计。

岗位竞聘 PPT 套路

岗位竞聘的 PPT 在我们的工作、生活中十分常见。比如岗位面试、企业的内部晋升以及评定岗位职称等场合都可以看到它的身影。岗位竞聘 PPT 的演示，是我们在竞聘岗位时与面试官近距离介绍自己的一次宝贵的机会。岗位只有一个，但是面试的人往往不止一个，我们当然希望公司能够在那么多的候选人中选中自己。所以要注意，一般来说，面试前 5 分钟是面试官注意力最集中的时候，如果你在这个时间内能快速地进入状态，一定能给面试官留下不错的印象。

很多人会去套用一些动画炫酷、设计出彩的 PPT 模板，去吸引面试官的注意，但也会让人忽略了 PPT 中的内容。其实，做好 PPT 内容比设计更重要。如果你不是竞聘 PPT 岗位或是设计类的岗位，又或是自己本来就不擅长设计时，那就请放过面试官的眼睛——锁住他的眼，不如打动他的心。

你这个人优不优秀、符不符合他们的预期，这才是面试官希望通过 PPT 知道的答案。明白了这一点，可以按照以下三步来制作岗位竞聘 PPT：

第一步，让面试官认识你。

这是 PPT 最基础的信息，你要告诉面试官"你是谁"，简单来说，这一部分内容就是自我介绍。很多人不考虑面试官的需求，直接把个人资料一股脑儿地全部放在 PPT 上，这是不对的。面对不同场景、不同的面试官，我们自我介绍的侧重点也要有所不同。

如果是求职面试，由于面试官事先不认识你，他需要通过 1—2 页 PPT 来认识你，进行初步的评估。所以在 PPT 上，你需要呈现个人信息、教育背景和过往的工作经历等；

如果是企业内部的晋升面试，面试官可能已经对你有所了解，这时候就不需要花时间去介绍上述的信息，而是交代清楚自己来自哪个部门、担任什么职位、具体工作职能是什么。

如果是岗位职称评定的面试，评委也不一定认识你，他们关心的是你的学历、毕业院校、现阶段的职称、工作年限和工作履历等。这部分内容的视觉呈现上，我们可以进行一些有创意的设计，来吸引面试官的注意力，这样就能够把一个人的大致经历讲得比较形象、生动，可以给面试官留下一个较好的印象。

第二步，让面试官记住你。

这一部分是岗位竞聘 PPT 的核心内容。要知道面试官已经面试过很多人，也看过很多竞聘的 PPT，所以在内容上，你得仔细研究岗位的需求，才能精准地给出他们选择你的理由。

这一部分，我们通常会讲述三块内容，分别是**工作业绩、亮点展**

示以及个人荣誉。

工作业绩,是你能力的体现,是你是否能够胜任新岗位的决定因素。当然,还有几点需要注意:

1.不要只表达结果,要更注重过程的描述。

我们往往会在各种招聘要求上看到"业绩优秀",所以有些人,尤其是销售人员,总是喜欢在 PPT 上强调亮眼的业绩数字,比如一年完成了多少业绩,拿下了多大的单子,讲完即止。其实,面试官不光想听你的业绩,他们更想知道你是如何完成这些业绩的,所以必要的过程也要简要叙述。

2.不要只说优点,也要说说自己的缺点和失败的经历。

在岗位竞聘的 PPT 演示中,讨论失败并不是一件掉价的事,有时甚至可以成为加分项,因为谈论失败会让面试官看到你面对失败时的态度和状态,让他们评估你是否有能力顶住压力,完成逆风局。这种冷静、坚毅、懂得反思且不会轻易被打败的精神,才是打动面试官们的地方,这也能证明你是一个可以从跌倒的地方爬起来,具有抗压能力的人。

亮点的展示是你可以区别于其他竞聘候选人,显示优势的部分。

我们需要根据岗位需求,再结合自己的实际工作,去挖掘自身的亮点,之后筛选出自己认为可能是独一无二的、别的竞争者没有的经历,作为最终亮点,呈现在竞聘 PPT 上。打个比方,如果你要应聘电商负责人岗位,其中有一项岗位要求是:了解电商以及第三方的运营模式。你就可以从过往经历中挑选符合这项条件的内容,然后找到自己独有的亮点。比如，你曾在某个项目中分析过不同电商平台的运营模式，不仅知道各个电商平台的优劣势，还做出了一份电商平台模式报告。因此你就可以在 PPT 上提到这个经历，并简单呈现这份报告中的精华部分，面试官就会觉得你和这个岗位的匹配度很高，而且准备得充分。

当然，个人荣誉也是一个加分项，但我们并不需要把所有的个人荣誉都列在 PPT 中，只需要列举和自己岗位相关的荣誉或者含金量高的荣誉即可。

比如，大学教授评定职称时，往往会比较重视和自身研究领域相关的荣誉。这时候，我们要着重列举他的科研项目、学术论文的获奖情况，并且要加上项目的名称，以此来说明这些奖项的获奖理由，并且按奖项的含金量顺序进行排列。

最后一步，让面试官认可你。

完成了第一第二步并不一定能够完全说服面试官，最后还需要他的认可，相信你能够胜任这个岗位。这里的认可有两个维度：

1. 认可你的能力；

2. 认可你的态度。

让面试官认可你的能力，除了认可你过往的工作经历，还要让他们认可你对未来工作的把握。所以，你可以将自己设想为已经竞聘成功的人，在 PPT 上呈现你对这个岗位的理解和针对这个岗位的下阶段工作计划。

如果你想让面试官认可你的态度，就需要在岗位竞聘的过程中时刻保持一个谦虚、自信的形象，也要显示出对这场竞聘的重视，把握好细节，别犯错别字、语病、排版混乱等低级错误。

《孙子兵法》里，有一句话我非常喜欢，叫做"知己知彼，百战不殆"。其实这后面还有两句，更加详细地阐述了对于"己和彼"了解程度的不同从而导致的结果的差异——不知彼而知己，一胜一负；不知彼不知己，每战必殆。虽然孙兵圣是写给在动荡的年代中的人，只有了解敌我双方的情况，才能制定出正确的策略，赢得战争。但是今天它被引申到了我们的生活中，适用于与人打交道的各个场景，我把这句话作为我与任何人沟通的基础，当然也包括在面对不同的面试官时。

致 谢

感谢您打开这本书，这是我第一次将自己从事 PPT 制作 8 年时间里获得的经验整理成册，可能会有不足，但是我会不断迭代，希望能与大家一同成长。

在此要特别感谢在创作期间所有帮助过我的朋友。感谢我的好朋友刘哲涛，在我毫无经验的时候，作为内容顾问，给予的宝贵建议。感谢我的好朋友刘晓婷，一直帮我查找资料及纠错。感谢我的合伙人袁夏夏，源源不断提供案例。感谢 MassNote 所有小伙伴的支持。